高等学校教材

化工专业实验

高峰　邹晓勇　王小华　主编

化学工业出版社

·北京·

内容简介

《化工专业实验》重点介绍了化工类专业实践教学的主要内容，包括化工原理实验、反应工程实验、专业实验等三部分；结合实验教学大纲补充了绪论、实验数据的计算与处理等内容。

本书可作为高等院校化工、食品科学与工程、环境科学与工程、制药工程、材料和冶金等相关学科的本科生教材。

图书在版编目（CIP）数据

化工专业实验 / 高峰，邹晓勇，王小华主编. —北京：化学工业出版社，2022.7（2025.1 重印）
ISBN 978-7-122-41033-7

Ⅰ. ①化… Ⅱ. ①高… ②邹… ③王… Ⅲ. ①化学工程-化学实验-高等学校-教材 Ⅳ. ①TQ016

中国版本图书馆 CIP 数据核字（2022）第 046991 号

责任编辑：朱　理　马泽林　徐雅妮
文字编辑：黄福芝
责任校对：刘曦阳
装帧设计：李子姮

出版发行：化学工业出版社
（北京市东城区青年湖南街 13 号　邮政编码 100011）
印　　装：北京盛通数码印刷有限公司
787mm × 1092mm　1/16　印张 11½　字数 277 千字
2025 年 1 月北京第 1 版第 4 次印刷

购书咨询：010-64518888
售后服务：010-64518899
网　　址：http://www.cip.com.cn
凡购买本书，如有缺损质量问题，本社销售中心负责调换。

定　　价：36.00 元　

前言

化工专业实验的实践教学能培养化工类专业学生的动手操作和创新思考能力，对学生掌握和巩固化工知识具有重要作用。本书实践教学内容主要包括化工原理实验、反应工程实验、专业实验等三部分。“化工原理实验”是化工等工科专业的基础实验课程，主要通过实验设计、操作、数据处理和结果分析，直观地让学生掌握化工过程单元和设备的特点及工程应用的要求。“反应工程实验”是化工专业本科教学计划的必修实验课，它与有机合成单元反应、精细化工工艺学、化工热力学、化工传递等专业课密切配合，相辅相成。“专业实验”以精细有机合成单元反应、精细化工工艺学、制药工艺学、植物资源化学等专业课为基础，也是化工类本科专业教学计划规定的专业必修课之一。三门实验课程皆独立开设，它们是高等院校化工类专业培养具有创新能力和工程素质人才的必要环节，为学生未来从事化工过程和设备的设计、分析计算、实际操作及其新技术和新设备的研究开发奠定坚实的基础。通过本实验课程的学习，使学生掌握应用化工原理、反应工程、化工专业等有关课程所学的知识，提高学生正确处理化学工程问题的综合能力，培养学生严谨务实的工作态度和团结协作的工作作风。

在教育部建设“新工科”的背景下，针对“新工科”的教学要求和不同类型专业的实际，结合化工类教学中实验、实践课程的培养质量要求，并结合了吉首大学地理位置的自然资源特色，吉首大学化学化工学院组织化工教研室的相关老师，编写了这本《化工专业实验》教材。

本教材共分五章，包括绪论、实验数据的计算与处理、化工原理实验、反应工程实验、专业实验。

本书由吉首大学化工教研室高峰、邹晓勇、王小华主编，负责全书的统稿工作，蒋建波、张帆等参与编写。在编写过程中，参考了国内的同类型教材以及实验设备厂家提供的资料，在此一并致谢。

由于时间所限，书中难免存在疏漏之处，敬请广大读者批评指正。

编　者

2021 年 10 月

目录

第四章　反应工程实验

第五章　专业实验

第一章 绪论

1

一、实验教学目的

化学工程是大规模改变物料物理及化学性质的工程技术学科，它包括了许多分支，如化工单元操作、化工热力学过程、化工传递过程及化工系统工程。每个分支各自形成独立的学科，以不同的目的、不同的方法去研究物料物理和化学性质的改变过程。目前开设的“化工原理实验”是以单元操作为主要内容的课程，是化工、食品、生物工程、环境科学与工程、材料等专业的一门专业基础课，是一门实践性很强的课程。“反应工程实验”涉及各种流量计、反应器、典型实验装置等化工生产和实验研究中常用的仪器设备，通过建立合理的实验装置，考察反应器、典型化工装置的应用性能，从而使学生掌握反应器和典型化工装置的结构、操作过程和优化方法，加深对课本知识的理解。“专业实验”与精细有机合成单元反应、精细化工工艺学、制药工艺学、植物资源化学等专业课密切配合，相辅相成。本书中的许多理论与技术都直接为工业生产和科学研究所运用。这些实践教学是化工类本科教学的实践环节，是课程教学的重要组成部分，也是学生巩固理论知识、吸取新知识的重要途径。特别是化学工程领域涉及的现象很复杂，常常不能用简单的理论方程表示，需要通过实验的方法来解决。工程领域内作为工业设计的基础更离不开实验方程，例如圆形直管内流体流动时摩擦系数λ的确定，由于过程影响因素过于复杂，至今仍不能完全从理论上得到其计算公式；又如新型填料流体力学性质的研究仍是利用实验方法，而不能用纯理论的方法解决。所以实验研究对于开发化学工业过程具有重要作用。

化学工程与工艺实验教学目的主要在于:

① 通过实验验证课程学习的理论或原理，加深对理论知识的理解。

② 了解实验设备的特点,掌握设备原理和实验方法,提高动手能力和分析解决问题的能力,初步培养从事实验研究的能力。

③ 通过对实验数据的分析、处理及报告撰写，培养学生对实验结果从理论上进行分析、说明的能力以及文字表达能力。

④ 培养学生实事求是、尊重科学的工作作风。

二、实验的具体要求

1. 预习

因实验的装置流程较为复杂，实验课前必须认真预习实验内容。必要时参考课程教材有关章节，清楚实验目的、原理和要求及实验的大体步骤。然后撰写预习报告，并准备好实验记录表格。做到实验前有充分的准备，或带着问题进实验室。实验开始时，由教师提问或检查预习报告，通过后方可进行实验。

2. 实验过程

实验前仔细观察实验设备，理清装置流程、设备结构及操作方法。对仪器设备的性能及使用方法了解后，同学间经过分组及分工并得到指导老师同意后，方可开始实验。操作过程中，同组同学可适当轮换，使每个学生对整个实验均了解和熟悉。实验中要亲自动手操作，不应袖手旁观，更不应照抄别人数据。实验中要注意观察现象，注意保持设备的正常运转。如果发现不正常现象，应立即处理或报告指导老师。在实验过程中，要注意实验数据的分布、数据的准确性和可靠性。如果数据不正常，应多加思考，设法给予解决。实验时要采取科学的态度，对实验数据要实事求是，禁止随意修改。实验完毕经教师检查数据，得到教师同意后再停止实验。实验结束后，将设备及仪表恢复原状，周围环境整理干净，并经指导老师检查同意后再离开实验室。

3. 实验记录

在实验进行过程中，要做好原始数据的记录。对稳定过程，应在操作稳定后开始记录数据，对不稳定过程应及时做好记录。记录应记在实验前准备好的记录表格中，禁止记录在活页纸上。填写记录应做到认真仔细、整齐清楚。不应将实验记录视为“案稿”，即使重抄一份实验记录，也应保存原始记录以备查对。实验记录应包括测量的数据、出现的现象以及实验时的各种条件。所记录的数据应当是直读的数值，例如，停表的读数是 1 分 38 秒，应记作 1'38"，而不应记作 98"。读数误差可根据仪表刻度的精度来估计，读数的精度为仪表最小刻度的±0.5mm。例如，若一标尺的最小刻度是 1mm，读数的最后一位数值应该是±0.5mm 的估计值。实验过程不应随意舍弃可疑实验数据，除对确有明显原因使数据不正常的可以舍去之外，一般在数据处理时就要根据给定的误差范围决定取舍。数据有改动时以划掉另写为宜，不应直接涂掉。相同条件下的实验数据应同时填在各项表格中。实验结束后，对数据的规律性进行初步检查，看有无明显记错或遗漏的地方，一经发现，如有可能应予以补正。

根据化学工程与工艺实验的特点，实验记录的表格都应预先设计和制成，表格要求项目齐全，秩序合理，测量数据和计算结果可以列在一张表格中。

4. 实验报告

实验报告是实验的总结，整理实验数据也是学生需要掌握的一种基本技能。撰写实验报告，一方面可以通过整理所得的实验数据并加以分析、运算，取得结论，从而验证理论知识、加深对理论的理解；另一方面又可以利用理论知识来解释实验现象。同时，训练撰写实验报告的能力，对今后写好科学论文与研究报告，有很大帮助。

实验报告的内容包括：（1）实验目的；（2）实验原理；（3）实验装置与流程；（4）实验步骤和方法；（5）原始数据表及实验现象；（6）实验结果处理过程，实验结果表格、图线或经验公式，并附一组数据计算方法和过程；（7）问题讨论。实验报告不应是实验教科书的翻版，而应是实验者本人的再创造过程。因此要认真对待实验报告并独立完成。

实验报告力求文句简明，书写清楚，图表整齐、清楚，插图附在适当位置。实验报告中应写明姓名、班级、实验时间、指导教师姓名及同组人。在规定时间内交指导教师批阅。

三、实验注意事项

1. 准时进入实验室，不得迟到或早退，不得无故缺课。

2. 遵守纪律，严肃认真地进行实验。室内严禁吸烟，不准喧哗或进行与实验无关的活动。

3. 对仪器设备在不了解使用方法前，不得动用。与本实验无关的仪器设备，不得乱摸乱动。

4. 爱护仪器设备，节约水、电、气（汽）及实验药品。开动与关闭阀门时，不要用力过大，以免损坏仪器和影响实验的进行。实验仪器设备若有异常，应立即报告指导教师。

5. 保持实验室及设备的整洁，禁止在实验桌等处乱画。衣服、书包等物品应放在固定地点，不得挂在设备上。

6. 注意安全及防火，开动电机前，应观察电机及其运转部件附近是否有人在工作，关闭电机时，慎防触电，并注意电机有无异响。

7. 实验人员进入实验室要听从教师或指导教师的指挥安排，遵守实验室的各项规章制度。

第二章　实验数据的计算与处理 2

进行化学工程与工艺实验，首先遇到的是实验设备的使用问题，其次是测取数据的问题。关于测取数据，以下介绍一些共性问题，例如，应该测取哪些数据，如何读取和记录，记录的数据又如何整理、分析得出实验结论等。

一、实验中应测取的数据

1. 凡是影响实验结果或者数据处理过程所必需的数据，都必须测取，包括大气条件、设备有关尺寸、物料性质及操作参数等。

2. 有些数据不必直接测取，可以从测取的某一数据导出或从相关手册中查到。例如测出水温后，可查出水的黏度和密度等数据。

二、读取和记录数据的注意事项

1. 事先必须拟好记录表格，表格应简明扼要且符合实验内容的具体要求。

2. 表格中应注明各项物理量的名称、符号及单位。化工实验数据中，有的数量很大或很小，如二氧化碳的亨利系数 E，用科学记数法表示：20℃时，$E=1.42\times10^{-8}$Pa。当列表时，项目名称可写为 $E\times10^{8}$，单位记作 Pa，而表中数字写为 1.42，即 $E\times10^{8}=1.42$Pa。也可以如下法表示，项目名称为 E，单位记作$\times10^{-8}$Pa，表中数字仍为 1.42。

3. 实验时一定要等操作稳定后再开始读数，条件改变后，要等操作再次稳定后再读数，不稳定情况下所读取的实验数据是不可靠的。

4. 数据记录必须真实地反映仪表的精确度。一般要记录至仪表上最小分度后一位数。例如温度计最小刻度为 1℃，读出某一温度应为 25.5℃，若温度恰好在 25℃，也应写为 25.0℃，有效数字为三位。

5. 实验直接测量或计算的结果应用几位数字表示。有人认为数值在小数点后面的位数越多越准确，其错误在于没有弄清小数点的位置与所用测量单位的大小有关，而与测量的准确性无关。例如长度记录为 0.314m 和 314mm，其准确度完全相同。还有人认为，计算结果保留位数越多越准确，其错误在于不了解在一定仪表条件下，所测得数据只具有一定的准确度，不应该过多地保留位数，以致计算的准确度超过测量仪器的精度。例如传热实验中，蒸汽温度

T=120.5℃，空气进、出口温度为24.4℃和79.7℃，则对数平均温度差Δt_m=64.6℃。若保留位数过多，写作Δt_m=64.55℃，则超出了温度计的测量精度，是不科学的。（详见《数值修约规则与极限数值的表示和判定》GB/T 8170—2008）

三、实验数据的处理

对记录的原始数据通常要进行运算，或以列表法表示，或以图示法表示，或以经验公式表示。因此，取得实验数据后，还要正确地处理这些数据，才能获得应有的结果。

1. 数据的运算

① 在数据运算中应注意有效数字和单位换算。

② 数据运算中应采用常数归纳法，即将计算公式中的许多常数归纳为一个常数对待。

2. 数据处理

（1）列表法　利用列表法表达实验数据时，表头栏目应写明所测物理量名称、符号、单位，自变量选择时最好能使其数值依次等量递增。

（2）图示法　利用图示法表示实验数据有许多优点。首先它能清楚地显示所研究对象的变化规律与特点，如极大、极小、转折点、周期性等。其次可利用足够光滑的曲线，作图解微分和图解积分。最后可通过适当坐标变换，求出经验方程式。图示法在化学工程实验数据整理中具有特殊重要的地位。后文将列专题介绍。

（3）经验公式法　实验数据用经验公式表达，使实验规律更加定量化。经验公式本身是客观规律的一种近似描述，是进一步探讨的线索和依据。

建立经验公式的基本步骤如下：

① 将实验测定的数据加以整理与校正。

② 选出自变量和因变量，并绘出曲线。

③ 由曲线的形状，根据解析几何的知识，判断曲线的类型。

④ 确定公式的形式，并通过改变坐标方法，将曲线变换成直线关系。

⑤ 用图解法或解析法来决定经验公式中的常数。

【示例1】 在蒸汽-空气换热实验中，要将传热系数 a 与管内流速 u 的关系整理成如下形式：

$$\frac{ad}{\lambda}=A\left(\frac{du\rho}{\mu}\right)^{n} \text{ 即 } Nu=ARe^{n} \tag{2-1}$$

式中　a——管壁对空气的传热系数，W/（m^2·K）；

λ——空气的热导率，W/（m·K）；

d——管内径，m；

u——空气流速，m/s；

ρ——空气密度，kg/m^3；

μ——空气黏度，kg/（m·s）；

Nu——努塞尔数；

Re——雷诺数；

A、n——经验公式的系数。

数据记录如表 2-1 所示。

表 2-1　传热数据记录表

序号	流量示值 R/mm	计前表压 $p_{表}$/Pa	热电偶示值 Et/mV		
			蒸汽或壁	空气进口	空气出口
1	70.0	4080	5.332	1.006	3.348
2	50.0	3906	5.338	0.986	3.400
3	35.0	4599	5.338	1.030	3.478
4	25.0	5093	5.340	1.050	3.540
5	15.5	5960	5.342	1.096	3.624
6	8.5	6440	5.332	1.112	3.708

管径 d=0.0178m，管长 L=1.224m，流量系数 C'=0.001233，室温 t=13℃，大气压强 p=101330Pa。蒸汽黏度的数据见《化工物性数据简明手册》（化学工业出版社，2013）。

以第一组数（数据见表 2-1、2-2）计算举例。

$$\Delta t_1 = 120.4-24.9 = 95.5℃$$

$$\Delta t_2 = 120.4-78.6 = 41.8℃$$

$$\Delta t_{\mathrm{m}} = \frac{\Delta t_1 - \Delta t_2}{\ln\dfrac{\Delta t_1}{\Delta t_2}} = \frac{95.5-41.8}{\ln\dfrac{95.5}{41.8}} = 65.0℃$$

$$\rho = 1.293\times\frac{p+p_{表}}{101330}\times\frac{273}{273+t}$$

$$=1.293\times\frac{101330+4080}{101330}\times\frac{273}{273+24.9}=1.233\mathrm{kg/m^3}$$

$$G = C'\sqrt{R\rho} = 0.001233\sqrt{R\rho}$$

$$=0.001233\times\sqrt{70.0\times1.233}=0.01145\mathrm{kg/s}$$

$$Re = \frac{du\rho}{\mu} = \frac{4G}{\pi d\mu} = 71.53\frac{G}{\mu}$$

$$=71.53\times\frac{0.01145}{1.97\times10^{-5}}=4.157\times10^4$$

$$Nu = \frac{ad}{\lambda} = \frac{d}{\lambda}K = \frac{d}{\lambda}\times\frac{Q}{\Delta t_{\mathrm{m}}S}$$

$$=\frac{d}{\lambda\Delta t_{\mathrm{m}}}\times\frac{GC_p\left(t_2-t_1\right)}{\lambda\Delta t_{\mathrm{m}}}$$

$$=\frac{1}{1.22\pi}\times\frac{GC_p\left(t_2-t_1\right)}{\lambda\Delta t_{\mathrm{m}}}$$

$$=0.26\times\frac{0.01145\times1005\times(78.6-24.9)}{2.837\times10^{-2}\times65}=87.3$$

传热数据及计算结果见表 2-2。

表 2-2　传热数据整理表

序号	温度/℃			对数平均温差Δt_m/℃	密度ρ/（kg/m³）	质量流量 G/（kg/s）	雷诺数 Re	努塞尔数 Nu
	蒸汽温度 T	空气进口温度 t_1	空气出口温度 t_2					
1	120.4	24.9	78.6	65.0	1.233	0.01145	41570	87.3
2	120.5	24.4	79.7	64.6	1.234	0.00969	35160	76.3
3	120.5	25.4	81.4	63.0	1.237	0.00811	29301	66.2
4	120.5	26.6	82.7	61.9	1.240	0.00687	24801	57.7
5	120.5	27.4	84.6	60.1	1.246	0.00542	19473	47.4
6	120.5	26.2	86.4	58.6	1.250	0.00402	14443	36.8

用双对数坐标作图，如图 2-1 所示。

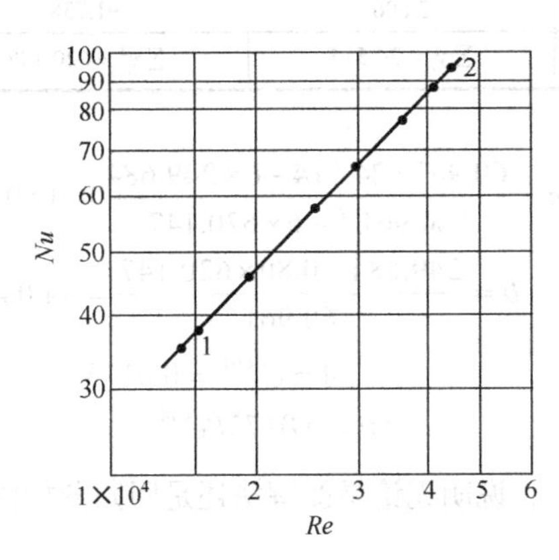

图 2-1　*Nu-Re* 关联图

由图 2-1 得斜率

$$n=\frac{点1至点2纵坐标对数差}{点1至点2横坐标对数差}=\frac{\lg 94-\lg 38}{\lg 45000-\lg 15000}=0.824$$

对式（2-1）取对数得　　$\lg Nu=0.824\lg Re+\lg A$　　(2-2)

将第一组数据代入上式，则

$$\lg A=\lg 87.3-0.824\times\lg 41570=-1.865$$

所以　　A=0.0136

分别将第二组至第六组数据代入，求得 A_2，A_3，…，取平均值，A= 0.0138。

所以　　$Nu=0.0138Re^{0.824}$　　(2-3)

式（2-3）是用图解法得到的经验公式。此式亦可用最小二乘法计算。首先将方程（2-1）线性化处理：$\ln Nu=n\ln Re+\ln A$

令 $y=\lg Nu$，$x=\ln Re$，$b=\ln A$

则 y = nx + b

这就将指数关系转化为一元线性回归问题，根据一元线性回归原理：

$$n=\frac{\sum x_i\sum y_i-N\sum x_i y_i}{\left(\sum x_i\right)^2-N\sum x_i^2}$$

$$b=\frac{\sum x_i y_i-n\sum x_i^2}{\sum x_i}$$

N为数据的组数，此题中N=6。

根据表2-2中Re～Nu的6组数据，分别将Re与Nu取自然对数，然后计算有关项目，并将结果列在表2-3中。

表2-3 最小二乘法计算表

序号	$x_i=\ln Re$	$y_i=\ln Nu$	x_i^2	x_iy_i
1	10.635	4.467	113.110	47.509
2	10.468	4.335	109.579	45.379
3	10.285	4.193	105.781	43.121
4	10.119	4.055	102.394	41.033
5	9.877	3.859	97.555	38.115
6	9.578	3.606	91.738	34.538
	$\sum x_i=60.961$	$\sum y_i=24.514$	$\sum x_i^2=620.147$	$\sum x_iy_i=249.684$

所以

$$n=\frac{60.961\times24.514-6\times249.684}{(60.961)^2-6\times620.147}=0.80$$

$$b=\frac{249.684-0.80\times620.147}{60.961}=-4.04=\ln A$$

$$A=\mathrm{e}^{-4.04}=0.0175$$

所以

$$Nu=0.0175Re^{0.80} \tag{2-4}$$

比较式（2-3）和式（2-4），说明无论是图解法还是回归分析法，所得经验公式是一致的。

3. 实验数据的图示法

常选横轴为自变量，纵轴为因变量。坐标分度的选择，要反映出实验数据的有效数字位数，并要求方便易读。分度坐标不一定从零开始，而应以图形占满坐标纸为宜。同一幅面上，可以有几种不同单位的纵轴的分度。不同纵轴的分度，应使曲线不至于交叉重叠。

（1）直角坐标图示法　化工原理实验中的干燥速率曲线、泵性能曲线和过滤曲线，均采用直角坐标图示法。本书以泵性能曲线的标绘为例，说明直角坐标图示法。

【示例2】泵性能实验测定的数据如表2-4所示。泵入口与出口管径为d=0.04m；真空计与压力表接口的垂直距离为h_0=0.1m；水温t=20℃；查水的密度ρ=998kg/m^3。

表2-4 泵性能实验数据表

序号	流量Q/（10^{-3}m^3/s）	真空度/mm	压力/（kg/cm^2）	实际功率N/W	扬程He/m	有效功率Ne/W	效率η/%
1	0	83	2.16	403	22.83	0	0
2	0.68	95	2.17	500	23.09	154	30.75
3	0.96	100	2.17	553	23.16	218	39.36
4	1.65	119	2.15	698	23.42	378	54.20
5	2.07	135	2.07	780	22.64	459	58.81
6	2.77	168	1.89	902	21.28	577	64.00
7	3.46	215	1.64	1007	19.42	658	65.33
8	4.72	317	1.07	1143	15.11	698	61.09

以第二组数据计算举例。由于$u_1=u_2$，$\sum h_\mathrm{f}=0$。

$$He = h_0 + \frac{u_2^2 - u_1^2}{2g} + \frac{p_1 - p_2}{\rho g} + \sum h_f = 0.1 + 0 + 压力表读数 \times 10 + 真空计读数 \times 13.6$$

$$= 0.1 + 2.17 \times 10 + 0.095 \times 13.6 = 23.09\text{m}$$

$$Ne = QHe\rho g = QHe \times 998 \times 9.81 = 9.79 \times 10^3 QHe$$

$$= 9.79 \times 10^3 \times 0.68 \times 10^{-3} \times 23.09 = 154\text{W}$$

$$\eta = \frac{Ne}{N} = \frac{154}{500} = 30.75\%$$

将表 2-4 中数据 $He \sim Q$，$N \sim Q$，$\eta \sim Q$ 分别标绘在图 2-2 中，得到泵特性曲线。

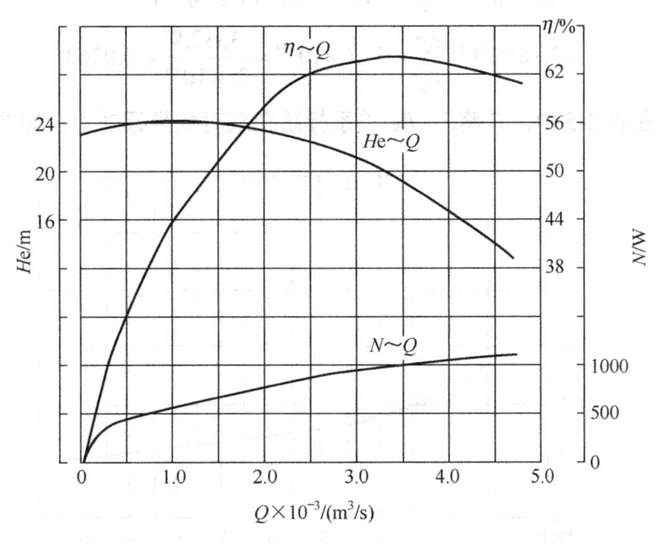

图 2-2　泵特性曲线

（2）双对数坐标图示法　一般是横坐标与纵坐标均采用常用对数分度，其在化学工程实验中应用十分广泛。例如，流体流动阻力实验中的$\lambda \sim Re$ 曲线，吸收实验中的 $\Delta p \sim u$ 曲线，传热实验中的 $Nu \sim Re$ 曲线等，均采用双对数坐标图示法。下面以流体流动阻力实验中$\lambda \sim Re$ 曲线的标绘为例，说明双对数坐标图示法。

【示例 3】流体阻力实验测定的数据，如表 2-5 所示。管内径 d=0.04m；直管压点距离 l=4m；水温 t =20℃。

表 2-5　阻力测定数据表

序号	流量 V_S/（$\times 10^{-3}\text{m}^3/\text{s}$）	U 形管压差计 R/mm	雷诺数 Re	直管压降 Δp/Pa	摩擦系数λ
1	3.5	81	110845	10013.5	0.0257
2	2.5	42	79062	5192.2	0.0262
3	2.0	27	63260	3337.8	0.0264
4	1.75	21	55224	2596.1	0.0269
5	1.5	16	47278	1978.0	0.0279
6	1.25	12	39332	1483.5	0.0303
7	1.0	8	31784	989.0	0.0310
8	0.75	5	23838	618.1	0.0343

以第三组数据计算举例。水温 20℃时，查手册得：$\mu = 1.005 \times 10^{-3}\text{kg/(m}\cdot\text{s)}$；$\rho = 998.2\text{kg/m}^3$。

所以 $$Re=\frac{du\rho}{\mu}=\frac{4\rho}{\pi d\mu}V_S=\frac{4\times998.2}{\pi\times0.04\times1.005\times10^{-3}}V_S$$

$$=3.163\times10^7V_S=3.163\times10^7\times2.0\times10^{-3}=63260$$

$$\Delta p=Rg(\rho_0-\rho)=9.81(13600-998.2)R$$

$$=1.236\times10^5R=1.236\times10^5\times0.027=3337.8\text{N/m}^2$$

因 $$h_f=\lambda\frac{l}{d}\times\frac{u^2}{2}=\frac{\Delta p}{\rho}$$

所以 $$\lambda=\frac{2d}{\rho l}\times\frac{\Delta p}{u^2}=\frac{\pi^2d^5}{8\rho l}\times\frac{\Delta p}{V_S^2}=\frac{\pi^2\times0.04^5}{8\times998.2\times4}\times\frac{\Delta p}{V_S}$$

$$=3.16\times10^{-11}\frac{\Delta p}{V_S}=3.16\times10^{-11}\times\frac{3337.8}{2^2\times10^{-6}}=0.0264$$

将计算结果列在表 2-5 中，并将λ～Re关系标绘在双对数坐标纸上，如图 2-3。

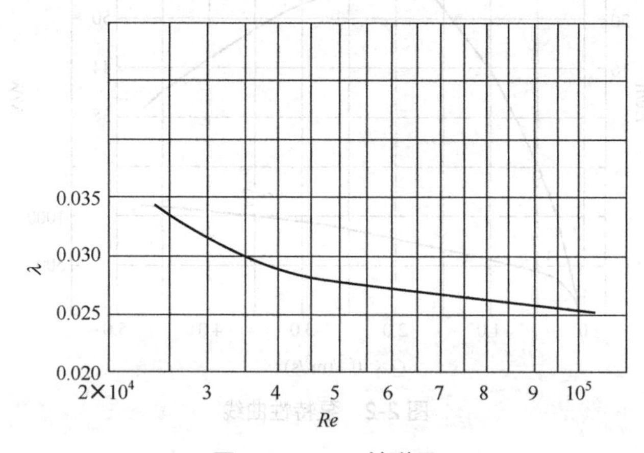

图 2-3　λ～Re 关联图

（3）半对数坐标图示法　一般横坐标采用常数对数或自然对数分度，而纵坐标采用直角坐标分度。下面以孔板流量计的校正曲线为例，说明半对数坐标图示法。

【示例 4】流量计校正实验测定的数据如表 2-6 所示。管径 $d=0.028\text{m}$；孔板内径 $d_0=13.98\times10^{-3}\text{m}$；水温 $t=19℃$。查得水的密度$\rho=998.2\text{kg/m}^3$；水的黏度$\mu=1.03\times10^{-3}\text{kg/(m·s)}$；计量槽底的面积 $0.5\times0.3=0.15\text{m}^2$。

表 2-6　流量计的测定数据表

序号	流量				压差计	雷诺数	孔流系数
	计量槽水位高 /m	体积/m³	时间/s	流量 V_S/（m³/s）	R/mm	Re	C_0
1	0.20	0.03	25.0	0.00120	579.9	52920	0.653
2	0.20	0.03	25.5	0.00117	543	51600	0.657
3	0.33	0.0495	43.0	0.00115	525	50715	0.655
4	0.30	0.045	41.5	0.00108	458	47628	0.661
5	0.20	0.03	30.0	0.00100	381	44100	0.671
6	0.20	0.03	40.0	0.00075	229	33075	0.693
7	0.20	0.03	45.0	0.00067	172	29547	0.676
8	0.20	0.03	56.5	0.00053	110	23373	0.661

以第二组数据计算举例。

因
$$V_S = C_0 S_0 \sqrt{\frac{2gR(\rho_0 - \rho)}{\rho}}$$

所以
$$C_0 = V_S \Big/ \left(S_0 \sqrt{\frac{2gR(\rho_0 - \rho)}{\rho}} \right)$$
$$= V_S \Big/ \left[\frac{\pi}{4} \times \left(13.98\times10^{-3}\right)^2 \times \sqrt{\frac{2\times9.81\times(13600-998.2)}{998.2}} \sqrt{R} \right]$$
$$= 413.94 \frac{V_S}{\sqrt{R}} = 413.94 \times \frac{0.00117}{\sqrt{0.543}} = 0.657$$
$$Re = \frac{du\rho}{\mu} = \frac{4\rho}{\pi d\mu} V_S = \frac{4\times998.2}{\pi\times0.028\times1.03\times10^{-3}} V_S$$
$$= 4.41\times10^7 V_S = 4.41\times10^7 \times 0.00117 = 5.16\times10^4$$

将计算结果列在表 2-6 中，并将 C_0～Re 关系标绘在半对数坐标纸中，如图 2-4。

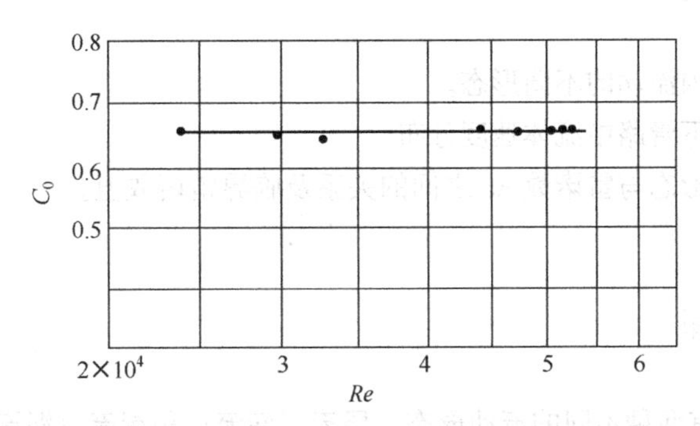

图 2-4　C_0～Re 关联图

3

第三章　化工原理实验

实验一　雷诺实验

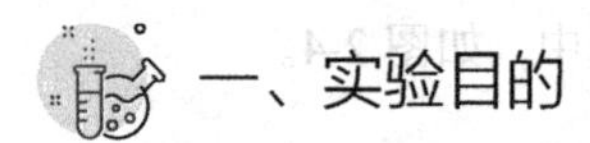

一、实验目的

1. 观察流体在管内流动的不同形态。
2. 观察层流状态下管路中流体速度分布。
3. 测定流体流动形态与雷诺数 Re 之间的关系及临界雷诺数值。

二、实验原理

流体流动过程中有两种不同的流动形态：层流（滞流）和湍流（涡流）。流体在管内作层流时，其质点作直线运动且互相平行，其质点之间互不混杂，互不碰撞。湍流时质点紊乱地向各个方向作不规则运动，但流体的主体仍向某一方向流动。

影响流体流动形态的因素，除代表惯性力的流速和密度及代表黏性力的黏度外，还与管型、管径等有关。经实验归纳得知，流体流动形态可由雷诺数 Re 来判别：

$$Re = \frac{du\rho}{\mu} \tag{3-1}$$

式中　d——管子内径，m；

u——流速，m/s；

ρ——流体密度，kg/m^3；

μ——流体黏度，Pa·s。

$Re \leqslant 2000$ 为层流；$Re \geqslant 4000$ 为湍流；$2000 < Re < 4000$ 为不稳定的过渡区。

三、实验装置

实验装置如图 3-1 所示。

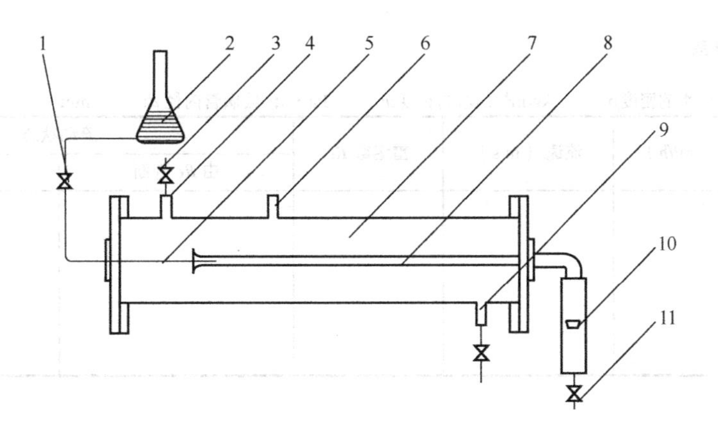

1—指示液控制阀；2—指示液；3—排空阀；4—溢流口；5—指示液流出管；6—进水口；7—有机玻璃水槽；
8—玻璃观察管；9—出水口；10—流量计；11—水流量控制阀

图 3-1　雷诺实验装置示意图

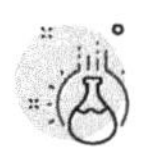

四、实验操作步骤与注意事项

1. 操作步骤

① 依次检查实验装置的各个部件，了解其名称与作用，并检查是否正常。

② 先开排空阀再开进水阀，待有机玻璃水槽溢流口有水溢流出来之后稍关排空阀，调节红色（或蓝色）指示液至适度，改变水流量观察层流状态及湍流状态下指示液的流动形状并对过渡区仔细观察。

③ 调节水量由较大缓慢减小，同时观察红色指示液流动形状，并分别记下指示液成一条稳定直线、指示液开始波动、指示液与流体（水）全部混合时流量计的读数。计算 *Re*，将测得的 *Re* 临界值与理论值比较。重复上述步骤 3～5 次，以计算 *Re* 临界平均值。

④ 先关闭阀 1、阀 11，使玻璃观察管 8 内的水停止流动。再开阀 1，让指示液流出 1～2cm 后关闭阀 1，再慢慢打开阀 11，使管内流体作层流流动。观察此时速度分布曲线呈抛物线状态。

⑤ 关闭阀 1、进水阀，排尽存水，清理现场。

2. 注意事项

① 在测定层流现象时，指示液的流速应该小于或等于观察管内的流速。若大于观察管内的流速则无法看到一条直线，而是出现和湍流一样的浑浊现象。

② 注意在实验台周围不得有外加的干扰，避免实验现象的不正常，特别是在观察层流现象时，调好后需静等一段时间才可看到较好的现象。

五、实验记录与数据处理

数据记录如表 3-1 所示。

表 3-1　数据记录表

水温 t:　　　℃；水的密度 ρ:　　　kg/m³；水的黏度 μ:　　　Pa·s；玻璃管内径 d:　　　mm

序号	流量/（m³/h）	流速/（m/s）	雷诺数 Re	流动状态	
				由 Re 判断	现象观察
1					
2					
3					
4					
5					
……					

六、思考题

1. 如果生产中无法通过直接观察来判断管内的流动，可以用什么方法来判断?
2. 用雷诺数 Re 判断流动状态的意义何在?
3. 流体的流动类型与雷诺数的值有什么关系?

实验二　伯努利实验

一、实验目的

1. 熟悉流体流动中各种能量和压头的概念及相互转化关系，加深对伯努利方程式的理解。
2. 观察各项能量或压头随流速的变化规律。

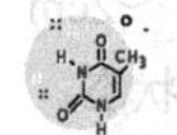

二、实验原理

不可压缩流体在管内作稳定流动时，管路条件（如位置高低、管径大小）的变化，会引起流动过程中三种机械能——位能、动能、静压能的相应改变及相互转换。对理想流体，在系统内任一截面处，虽然三种能量不一定相等，但能量之和是守恒的。

对于实际流体，由于存在内摩擦，流体在流动中总有一部分机械能随摩擦和碰撞转化为热能而损失掉。故而对于实际流体，任意两截面上机械能总和并不相等，两者的差值即为机械能损失。

以上几种机械能均可用 U 形管压力计中的液位差来表示，分别称为位压头、动压头、静压头。当测压直管中的小孔（即测压孔）与水流方向垂直时，测压管内液柱高度则为静压头与动压头之和。测压孔处流体的位压头由测压孔的几何高度确定。任意两截面间位压头、静压头、动压头总和的差值，则为损失压头。

伯努利方程式

$$gz_1+\frac{u_1^2}{2}+\frac{p_1}{\rho}+W_e=gz_2+\frac{u_2^2}{2}+\frac{p_2}{\rho}+\sum h_f \tag{3-2}$$

式中 z_1、z_2——两截面间各自距基准面的距离，m；

u_1、u_2——两截面处的流速，可通过流量与其截面积求得，m/s；

p_1、p_2——两截面处的压力，由 U 形管压力计的液位差可知，Pa。

对于没有能量损失且无外加功的理想流体，上式可简化为

$$gz_1+\frac{u_1^2}{2}+\frac{p_1}{\rho}=gz_2+\frac{u_2^2}{2}+\frac{p_2}{\rho} \tag{3-3}$$

三、实验装置

实验装置如图 3-2 所示。

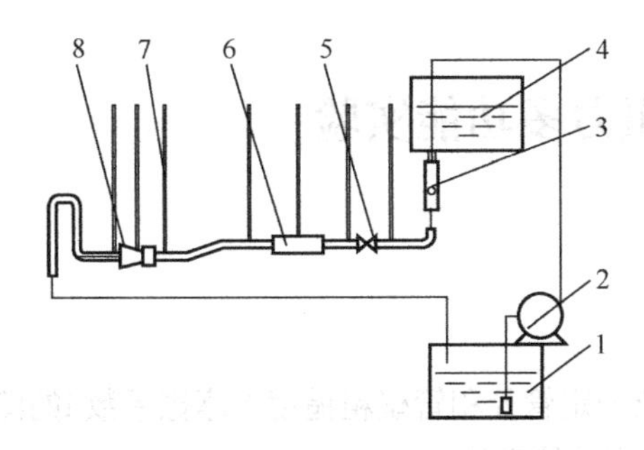

1—低位水箱；2—水泵；3—流量计；4—高位水箱；5—阀门；6—变径管；7—测压管；8—文丘里管

图 3-2 伯努利实验装置图

四、实验操作步骤与注意事项

1. 依次检查各个部件，了解其名称与作用。

2. 关闭水量控制阀，按泵的操作步骤开泵（按下开关旋钮为开，按旋钮上的箭头方向旋转则为关），开始实验。

3. 将流量控制阀 5 开到一定大小，观察并记录各测压点间的液位差。并注意其变化情况。继续开大流量控制阀 5，观察并记录各测压管中液位差。

4. 注意观察各测压管中的水柱高度。

5. 实验完毕停泵，将实验数据交给实验老师检查。清理实验现场。

6. 实验结束后，每隔一段时间需清洗水箱。避免污物过多导致流量计误差增大。

五、实验记录与数据处理

原始数据记录如表 3-2 所示。

表 3-2　原始数据记录表格

阀门开度	测压点（压差计读数/mm）							
	1	2	3	4	5	6	7	8
1（ ）								
2（ ）								
3（ ）								
4（ ）								

六、思考题

1. 当阀门未开启时，各测压管内的液位高度是否相同？为什么？
2. 当流速增加，各压头的变化规律是什么？为什么？
3. 实验时为何要保持高位水箱有溢流？

实验三　流体流动阻力多功能实验

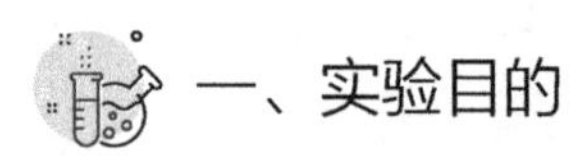

一、实验目的

1. 掌握在有流体阻力及一定管径和管壁粗糙度下摩擦系数λ的测定方法。
2. 掌握测定局部阻力系数ζ的方法。
3. 掌握摩擦系数λ与雷诺数 Re 之间的关系及工程意义。

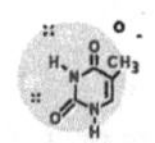

二、实验原理

流体阻力产生的根源是流体具有黏性，流动时存在内摩擦。而壁面的形状则促使流动的流体内部发生相对运动，为流动阻力的产生提供了条件，流动阻力的大小与流体本身的物理性质、流动状况及壁面的形状等因素有关。流动阻力可分为直管阻力和局部阻力。

流体在流动过程中要消耗能量以克服流动阻力，因此，流动阻力的测定颇为重要。测定流体阻力的基本原理如图 3-3 所示，水从贮槽由离心泵输入管道，经流量计计量后回到水槽，循环利用。改变流量并测定直管与管件处的相应压差，即可测得流体流动阻力。

1. 直管阻力摩擦系数λ的测定

直管阻力（h_f）是流体流经直管时，由流体的内摩擦而产生的阻力损失。对于等直径水平直管段，根据两测压点间的伯努利方程有：

$$h_f = \frac{p_1 - p_2}{\rho g} = \lambda \frac{l}{d} \times \frac{u^2}{2g} \tag{3-4}$$

$$\lambda = \frac{2d\left(p_1 - p_2\right)}{\rho l u^2} \tag{3-5}$$

式中　l——直管长度，m；

d——管内径，m；

(p_1-p_2)——流体流经直管的压强降，Pa；

u——流体截面平均流速，m/s；

ρ——流体密度，kg/m³。

由式（3-5）可知，欲测定λ，需知道 l、d、(p_1-p_2)、u、ρ等。

(1) 若测得流体温度，则可查得流体的ρ值。

(2) 若测得流量，则由管径可计算流速 u。

(3) 两测压点间的压降（p_1-p_2），可用 U 形管压力计测定。此时：

$$\Delta p = \rho g R \tag{3-6}$$

式中　R——U 形管压力计中水银柱的高度差，m。

则：

$$\lambda = \frac{2d}{\rho l u^2}\rho g R \tag{3-7}$$

2. 局部阻力系数ζ的测定

局部阻力主要是由流体流经管路中管件、阀门及管截面的突然扩大或缩小等局部位置时所引起的阻力损失，在局部阻力件左右两侧的测压点间列伯努利方程有：

$$h_{\mathrm{f}}' = \frac{p_1'-p_2'}{\rho g} = \zeta\frac{u^2}{2g} \tag{3-8}$$

即

$$\zeta = \frac{2(p_1'-p_2')}{\rho u^2} \tag{3-9}$$

式中　ζ——局部阻力系数；

$p_1'-p_2'$——局部阻力压强降，Pa。

式（3-9）中ρ、u、p_1'、p_2'等的测定方法同直管阻力。

三、实验装置

流体阻力实验流程简图见图 3-3。

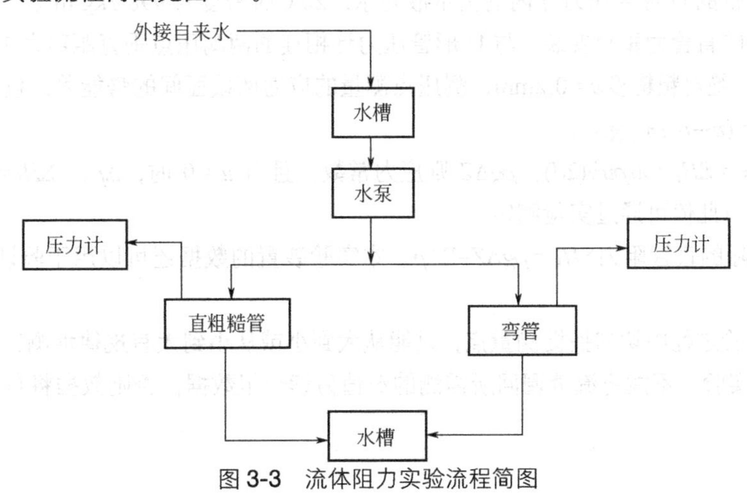

图 3-3　流体阻力实验流程简图

四、实验操作步骤

1. 了解实验装置，熟悉实验各装置的作用和原理。

2. 进一步熟悉离心泵的操作。

3. 检查水槽水量是否够用，必要时应为水槽加水；如实验时间稍长，水槽水量不够，可以向水槽加自来水，水位过高时即水从溢流口流入地沟，便可保证水槽的水量。

4. 开始实验前先灌泵，避免在空载状态下开车。打开电源开关，关闭泵出口阀，打开泵电源开关。打开连通阀，将泵出口阀调至最大，等待几分钟后关闭出口阀，反复开关管路上部的排气阀对管路进行排气。

5. 在连通阀打开的情况下将排空阀开关几次对测压管进行排气。关闭连通阀再开排空阀几次对压差计调零。

6. 将流量由小逐渐加大，流量每变一次需等待几分钟至压差计内读数稳定，记录下U形管的液柱高度差。

7. 在流量增加过程中，流速开始时增加的间隔较为缓慢，一般为 10L/h。当流量增大到150L/h 后，便以 50L/h 的流速来增加。

8. 在实验过程中，U形管液柱高度差应当是逐步增加的，如果不符合这一规律，应当从流量为最大值时开始，逆向操作（即逐步减少流量），直至流量为零。此时，U形管液柱高度差应当是逐步减少的。

9. 如果实验结果符合正常实验规律，即可终止实验。先关闭水的出口阀，再停泵，最后关闭电源开关。

10. 局部阻力系数的测定与直管阻力的测定方法一样，只是通过转向阀使液体流入弯管。

11. 实验结束后，打扫实验室卫生，整理好原始记录，交实验指导老师签字后再离开实验室。

五、实验注意事项

1. 装置配备的U形管压力计内的指示液为水，20℃时密度为998.2kg/m^3。

2. 本装置的直管为垂直安装，与U形管压力计相连的两测压点垂直距离为1054mm，直管内径为15mm，绝对粗糙度$\varepsilon=0.2$mm；测压点测量的应为两截面间的势能差，包括了两者的代数和，即$\Sigma\Delta p=(p_2-p_1)+\rho g\Delta Z$。

显然，$\Delta p_S=\Sigma H_f=\lambda l\rho u^2/(2d)$，$\rho g\Delta Z$ 则应为常数，且当 $u=0$ 时，$\Delta p_S=\Sigma H_f=0$，$\Sigma\Delta p$ 取最大值，即$\rho g\Delta Z$（此值可通过实验测定）。

因此，实际的直管阻力$\Sigma H_f=\rho g\Delta Z-\Sigma\Delta p$。本实验装置的数据还可以用于验证层流条件下$\lambda$与 Re 的关系。

3. 注意实验过程中切勿捕捉测量点，只能从大到小或从小到大有规律地测，若少测了数据则需重新开始实验。不能将流量调回所需测的数值另读一组数据，否则数据将有很大的偏离。

六、实验记录与数据处理

1. 根据实验所测项目，设计原始数据记录表格，如表 3-3。
2. 验证层流时λ～Re 的关系。
3. 湍流时，流量由小（大）到大（小）测 8～10 组数据，计算λ、ζ、Re 值。
4. 在双对数坐标纸上绘出λ～Re 曲线，并与《化工原理》相关教材上λ～Re 曲线比较是否相符。

表 3-3　局部阻力原始数据记录表

温度：　　；液体黏度：　　；液体密度：　　；管子内径：

体积流量 Q / (m^3/h)	流速 u / (m/s)	h_1/m	h_2/m

七、思考题

1. 管路要排气，若气未排尽，对实验结果有何影响?
2. 本实验数据为什么要整理成λ～Re 曲线，而不整理成λ～u 曲线?
3. 不同流体、不同管径及不同温度下的λ、Re 数据能否关联到一条曲线上？为什么?
4. 测压管的粗细、长短对测量两点的压力差有无影响?
5. 层流、湍流、完全湍流（阻力平方区）时，直管阻力摩擦系数λ与 Re、ε/d 各为何关系?

实验四　离心泵性能测定实验

一、实验目的

1. 了解离心泵的结构和特性，熟悉离心泵的操作。
2. 掌握离心泵主要参数的测定方法，学会测量并标绘一定转速下离心泵的特性曲线。
3. 了解并熟悉离心泵的工作原理。

二、实验原理

1. 离心泵的特性曲线

离心泵是化工生产中应用最广的一种流体输送设备，它的主要特性参数包括：流量 Q，扬程 H，功率 N 和效率 η。这些特性参数之间是相互联系的，在一定转速下，H、N、η 都随流量 Q 变化而变化。离心泵的扬程 H、功率 N、效率 η 与流量 Q 之间的对应关系，若以曲线 $H \sim Q$、$N \sim Q$、$\eta \sim Q$ 表示，则称为离心泵的特性曲线，可由实验测定。特性曲线是确定泵的适宜操作条件和选用离心泵的重要依据。

离心泵在出厂前，由制造厂提供该泵的特性曲线，供用户选用。离心泵的制造厂所提供的离心泵的特性曲线一般是在一定转速和常压下，以常温的清水为介质测定的。在实际生产中，所输送的液体多种多样，其性质（如密度、黏度等）各异，泵的性能亦将发生变化，厂家提供的特性曲线将不再适用，如泵的轴功率随液体密度变化而改变；随黏度变化，泵的压头、效率、轴功率等均发生变化。此外，改变泵的转速或叶轮直径，泵的性能也会发生变化。因此，用户在使用时要根据介质的不同，重新校正其特性曲线后选用。

2. 曲线的测定

（1）流量 Q 的测定

转速一定，用泵出口阀调节流量，管路中流过的液体量通过涡轮流量计或压差式流量计读出的压差值来确定。

（2）扬程（压头）H 的测定

根据泵进、出口管上安装的真空表和压力表的读数可计算出扬程：

$$H = h_0 + \frac{p_{出} - p_{入}}{\rho g} \tag{3-10}$$

式中 $p_{出}$、$p_{入}$——泵出口压力表和入口真空表的读数；

ρ——输送液体的密度，kg/m^3；

h_0——两测压口间的垂直距离，m。

（3）功率 N 的测定

由三相功率表直接测定电机功率 N（kW）。

（4）效率 η 的测定

$$N_e = HQ\rho g/10^2$$

$$\eta_{泵} = N_e/N_{轴} \times 100\%$$

或

$$\eta_{总} = N_e/N_{电} \times 100\%$$

$$\eta_{总} = \eta_{电}\eta_{传}\eta_{泵} \tag{3-11}$$

式中 H——扬程，m；

N_e——离心泵有效功率，kW；

Q——泵的流量，m^3/s；

ρ——流体密度，kg/m^3；

$N_{轴}$、$N_{电}$——泵的轴功率、电机的输入功率；

$\eta_{电}$、$\eta_{传}$、$\eta_{泵}$——电机效率、传动效率、泵的效率。

3. 离心泵的工作点与流量调节

(1) 管路特性曲线与泵的工作点

当离心泵安装在特定的管路系统中时，实际的工作压头和流量不仅与离心泵本身的性能有关，还与管路特性有关，即在输送液体的过程中，泵和管路是相互制约的，对一特定的管路系统，可得出：$H=K+BQ^2$。

其中，操作条件一定时，K 为常数。由上式看出，在固定管路中输送流体时，管路所输送的流体的压头 H 随被输送流体的流量 Q 的平方而变（湍流状态），该关系标在相应坐标纸上，即为管路特性曲线，该线的形状取决于系数 K、B，即取决于操作条件和管路的几何条件，与泵的性能无关。

将离心泵的特性曲线 $H \sim Q$ 与其所在管路的特性曲线绘于同一坐标图上，两线交点 M 称为泵在该管路上的工作点，该点所对应的流量和压头既能满足管路系统的要求，又为离心泵所能提供。

(2) 离心泵的流量调节

离心泵在指定的管路上工作时，当生产任务发生变化，或已选好的泵在特定管路中运转所提供的流量不符合要求时，需要对离心泵进行流量调节。实质上是改变泵的工作点，因此，改变两种特性曲线之一均可达到调节流量的目的。调节流量最直接的方法是改变离心泵出口管路上调节阀门的开度，阀门开大，管路局部阻力减小，管路特性曲线变得平坦，工作点流量加大，扬程减小，反之亦然；调节流量的另一种方法是改变泵的转速以改变泵的特性曲线，以达到调节流量的目的。

三、实验装置

实验装置如图 3-4 所示。

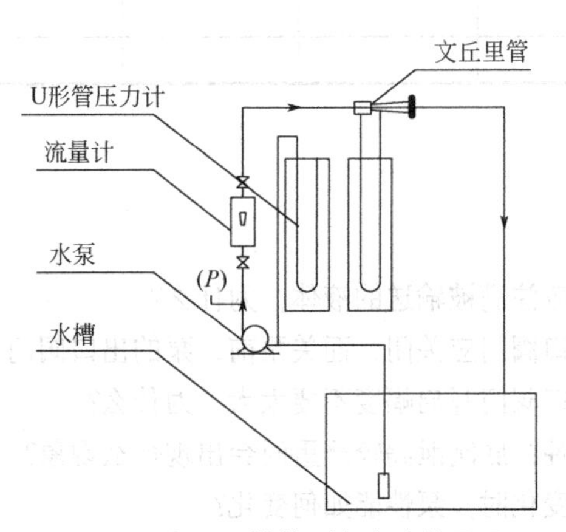

图 3-4　离心泵性能测定实验装置图

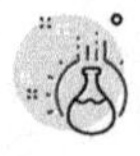

四、实验操作步骤与注意事项

1. 检查水槽内的水是否保持在一定的液位，必要时应向水槽加水。

2. 泵启动前，泵壳内应注满被输送的液体（本实验为水），并且泵的出口阀需关闭。若出现泵无法输送液体，则说明泵未灌满或者其内有空气，气体排尽后再输送液体。

3. 泵启动后，待泵的出口有一定的压力后再开启泵出口阀，但幅度不要太大，否则文丘里管压差计不具有测压作用，而是流体的另一通道。记录泵在一定转速下的压力、流量等于原始记录表格中（表 3-4）。

4. 压差计的调零，打开文丘里管压差计连通阀，然后再开关排空阀至压差计两侧水位平行，再关闭连通阀。对于泵入口处压差计，因其测的是真空度，所以调零时打开排空阀，测量时则打开连通阀，但要注意开度不要太大，避免压差计读数迅速增大，以致无法读取数值。

5. 关泵时，应注意先关闭泵的出口阀门，再停泵。

6. 须定期清洗水箱，以免污垢过多。

五、实验记录与数据处理

泵性能实验数据及处理表如表 3-4。

表 3-4　泵性能实验数据及数据处理表

序号	流量/($10^{-3}m^3/s$)	真空度/(mm)	压力/(kg/cm^2)	实际功率 N/W	扬程 He/m	有效功率 Ne/W	效率 η/%
1							
2							
3							
4							
5							
6							
7							
8							

六、思考题

1. 泵启动前，泵壳内应注满被输送的液体，为什么？
2. 泵启动前，泵的出口阀门应关闭；而关泵前，泵的出口阀门也应关闭，为什么？
3. 泵启动后，泵的出口阀门开启幅度不要太大，为什么？
4. 泵的底阀有什么特性？底阀泄漏较严重时会出现什么现象？
5. 所输送的流体发生变化时，泵性能如何变化？
6. 泵的转速及叶轮直径对泵性能有何影响？
7. 离心泵的汽蚀现象是如何引起的？有何危害？如何消除？
8. 如何选择离心泵？轴封有什么作用？实验时，请观察本实验所用的轴封，并分析采用这种轴封的原因及其优缺点，如发生泄漏如何处理?

9. 泵入口处真空表及出口处压力表的读数之间有何关系?

实验五　流体力学综合实验

一、实验目的

1. 掌握流体流经圆形直管的摩擦系数λ的测定方法及变化规律。
2. 掌握不同管径的摩擦系数λ与 Re 的关系。
3. 掌握突缩管的局部阻力系数、阀门的局部阻力系数的测定方法。
4. 测定孔板流量计、文丘里流量计的流量系数。
5. 测定单级离心泵在一定转速下的特性曲线。
6. 测定单级离心泵出口阀开度一定时的管路特性曲线。

二、实验原理

1. 管内流量及 Re 的测定

本实验采用涡轮流量计直接测出流量 Q，然后由下式得出流速:

$$u = 4Q/(3600\pi d^2) \tag{3-12}$$

$$Re = \frac{du\rho}{\mu} \tag{3-13}$$

式中　d——管内径，m;

ρ——流体在测量温度下的密度，kg/m^3;

μ——流体在测量温度下的黏度，Pa · s;

u——流体的流速，m/s。

2. 直管阻力损失 Δp_f 及摩擦系数λ的测定

流体在管路中流动，由于黏性剪应力的存在，不可避免地会产生机械能损耗。根据范宁(Fanning) 公式，流体在圆形直管内作定常稳定流动时的阻力损失为:

$$\Delta p_f = \lambda \frac{l}{d} \times \frac{\rho u^2}{2} \tag{3-14}$$

式中　Δp_f——阻力损失（压降），Pa;

l——沿直管两测压点间的距离，m;

λ——摩擦系数，无量纲。

由式（3-14）可知，只要测得 Δp_f 即可求出摩擦系数λ。根据伯努利方程知，当两测压点位于管径一样的水平直管上，且保证两测压点处速度分布相同时，两点压差Δp 即为流体流经两测压点处的直管阻力损失 Δp_f 。

$$\lambda = \frac{2\Delta p d}{\rho u^2 l} \tag{3-15}$$

式中　Δp——差压传感器读数，Pa。

以上对阻力损失Δp_f、摩擦系数λ的测定方法适用于粗管、细管的直管段。

根据哈根-泊谡叶(Hagon-Poiseuille)公式，流体在圆形直管内作层流流动时的阻力损失为：

$$\Delta p_f = \frac{32\mu l u}{d^2} \tag{3-16}$$

式（3-16）与式（3-14）相除可得：

$$\lambda = \frac{64\mu}{du\rho} = \frac{64}{Re} \tag{3-17}$$

3. 局部阻力损失$\Delta p_f'$及其阻力系数ζ的测定

流体流经阀门、突缩管时，速度的大小和方向发生变化，流动受到阻碍和干扰，出现涡流而引起的局部阻力损失为：

$$\Delta p_f' = \zeta \frac{\rho u^2}{2} \tag{3-18}$$

式中　ζ——局部阻力系数，无量纲。

对于测定局部管件的阻力，其方法是在管件前后的稳定段内分别设置两个测压点。按流向顺序分别编号为1点，2点，3点，4点，在1—4点和2—3点分别连接两个差压传感器，分别测出压差Δp_{14}、Δp_{23}。

2—3点总能耗可分为直管段阻力损失Δp_{f23}和阀门局部阻力损失$\Delta p_f'$，即：

$$\Delta p_{23} = \Delta p_{f23} + \Delta p_f' \tag{3-19}$$

1—4点总能耗可分为直管段阻力损失Δp_{f14}和阀门局部阻力损失$\Delta p_f'$，1—2点距离和2点至管件距离相等，3—4点距离和3点至管件距离相等，因此：

$$\Delta p_{14} = \Delta p_{f14} + \Delta p_f' = 2\Delta p_{f23} - \Delta p_f' \tag{3-20}$$

由以上式（3-19）和式（3-20）联立解得：

$$\Delta p_f' = 2\Delta p_{23} - \Delta p_{14} \tag{3-21}$$

则局部阻力系数为：

$$\zeta = \frac{2\left(2\Delta p_{23} - \Delta p_{14}\right)}{\rho u^2} \tag{3-22}$$

流体流经突缩管路时采用上述四点测压法，则突缩局部阻力损失为：

$$\Delta p_f' = 2\Delta p_{23} - \Delta p_{14} \tag{3-23}$$

在突缩管两端列伯努利方程得：

$$\zeta = \frac{2}{u_3^2}\left[\frac{u_2^2 - u_3^2}{2} + \frac{\left(2\Delta p_{23} - \Delta p_{14}\right)}{\rho}\right] \tag{3-24}$$

式中　u_2——突缩管前端流体的流速，m/s；

u_3——突缩管后端流体的流速，m/s。

4. 孔板流量计的标定

孔板流量计是利用动能和静压能相互转换的原理设计的，它是以消耗大量机械能为代价的。孔板的开孔越小，通过孔口的平均流速u_0越大，孔前后的压差Δp也越大，阻力损失也随之增大。其具体结构如图 3-5 所示。

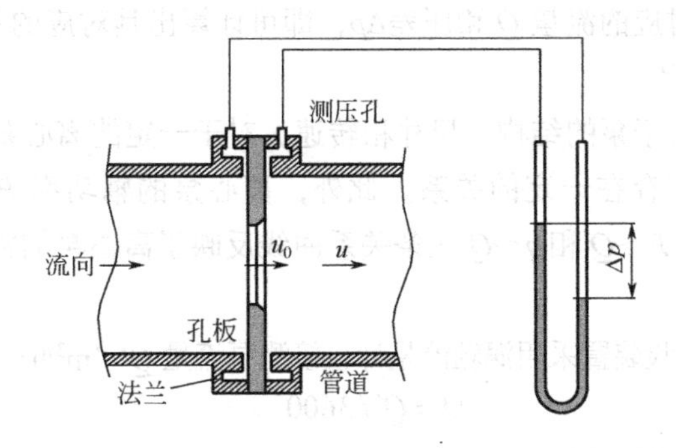

图 3-5　孔板流量计结构示意图

为了减小流体通过孔口后管径突然扩大而引起的大量旋涡能耗,在孔板后开一渐扩形圆角。因此孔板流量计的安装是有方向的。若是反方向安装，不仅能耗增大，同时其流量系数也将改变，实际上这样使用没有意义。

其计算式为:

$$Q = C_0 A_0 \sqrt{\frac{2\Delta p}{\rho}} \tag{3-25}$$

式中　Q——体积流量，m^3/s;

C_0——孔流系数（无量纲，本实验需要标定）;

A_0——孔截面积，$A_0 = \frac{1}{4}\pi d_0^2 = \frac{1}{4}\pi \times 0.01549^2 = 1.8835 \times 10^{-4}$，$m^2$;

Δp——压差，Pa;

ρ——流体密度，kg/m^3。

（1）在实验中，只要测出对应的流量 Q 和压差Δp，即可计算出其对应的孔流系数 C_0。

（2）管内 Re 的计算：$Re = \frac{du\rho}{\mu}$。

5. 文丘里流量计的标定

仅仅为了测定流量而引起过多的能耗显然是不合适的，应尽可能设法降低能耗。能耗起因于孔板的突然缩小和突然扩大，特别是后者。因此，若设法将测量管段制成如图 3-6 所示的渐缩和渐扩管，避免突然缩小和突然扩大，必然降低能耗。这种管称为文丘里流量计。

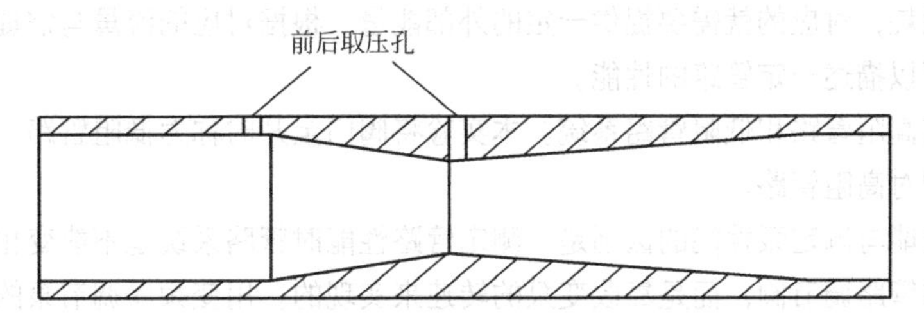

图 3-6　文丘里流量计结构示意图

文丘里流量计的工作原理与公式推导过程与孔板流量计完全相同，但以 C_v 代替 C_0。因为在同一流量下，文丘里压差小于孔板，因此 C_v 一定大于 C_0。

在实验中，只要测出对应的流量 Q 和压差 Δp，即可计算出其对应的系数 C_0 和 C_v。

6. 离心泵特性曲线测定

离心泵的特性曲线取决于泵的结构、尺寸和转速。对于一定的离心泵，在一定的转速下，泵的扬程 H 与流量 Q 之间存在一定的关系。此外，离心泵的轴功率 P 和效率 η 亦随泵的流量 Q 而改变。因此 $H \sim Q$、$P \sim Q$ 和 $\eta \sim Q$ 三条关系曲线反映了离心泵的特性，称为离心泵的特性曲线。

(1) 流量 Q 测定。本实验装置采用涡轮流量计直接测泵流量 Q' (m^3/h)，则流量 Q (m^3/s) 为

$$Q = Q' / 3600 \tag{3-26}$$

(2) 根据伯努利方程计算扬程：

$$H = \frac{\Delta p}{\rho g} \tag{3-27}$$

式中 H——扬程，m；

Δp——压差，Pa；

ρ——水在操作温度下的密度，kg/m^3；

g——重力加速度，m/s^2。

本实验装置采用差压计直接测量 Δp。

(3) 泵的总效率

$$\eta = \frac{QH\rho g}{P_{轴}} \times 100\% \tag{3-28}$$

(4) 泵的轴功率 $P_{轴}$，即电机的功率乘以电机的效率，其中电机功率用三相功率表直接测定，单位为 kW。

(5) 转速校核，应将以上所测参数校正为额定转速 n' 下的数据来绘制特性曲线。

$$\frac{Q'}{Q} = \frac{n'}{n}, \quad \frac{H'}{H} = \left(\frac{n'}{n}\right)^2, \quad \frac{P'}{P} = \left(\frac{n'}{n}\right)^3 \tag{3-29}$$

式中 n'——额定转速，2850r/min；

n——实际转速，r/min。

7. 管路特性曲线

对一定的管路系统，当其中的管路长度、局部管件都确定，且管路上的阀门开度均不发生变化时，其管路有一定的特征性能。根据伯努利方程，最具有代表性和明显的特征是：不同的流量有一定的能耗，对应的就需要提供一定的外部能量。根据对应的流量与需提供的外部能量之间的关系，可以描述一定管路的性能。

管路系统有高阻管路和低阻管路系统。本实验将阀门全开时称为低阻管路，将阀门关闭一定值时，称为相对高阻管路。

测定管路性能与测定泵性能的区别是：测定管路性能时管路系统是不能变化的，管路内的流量调节不是靠管路调节阀，而是靠改变泵的转速来实现的。用变频器调节泵的转速来改变流量，测出对应流量下泵的扬程，即可计算管路性能。

三、实验装置

综合流体力学实验装置流程图，如图 3-7 所示。

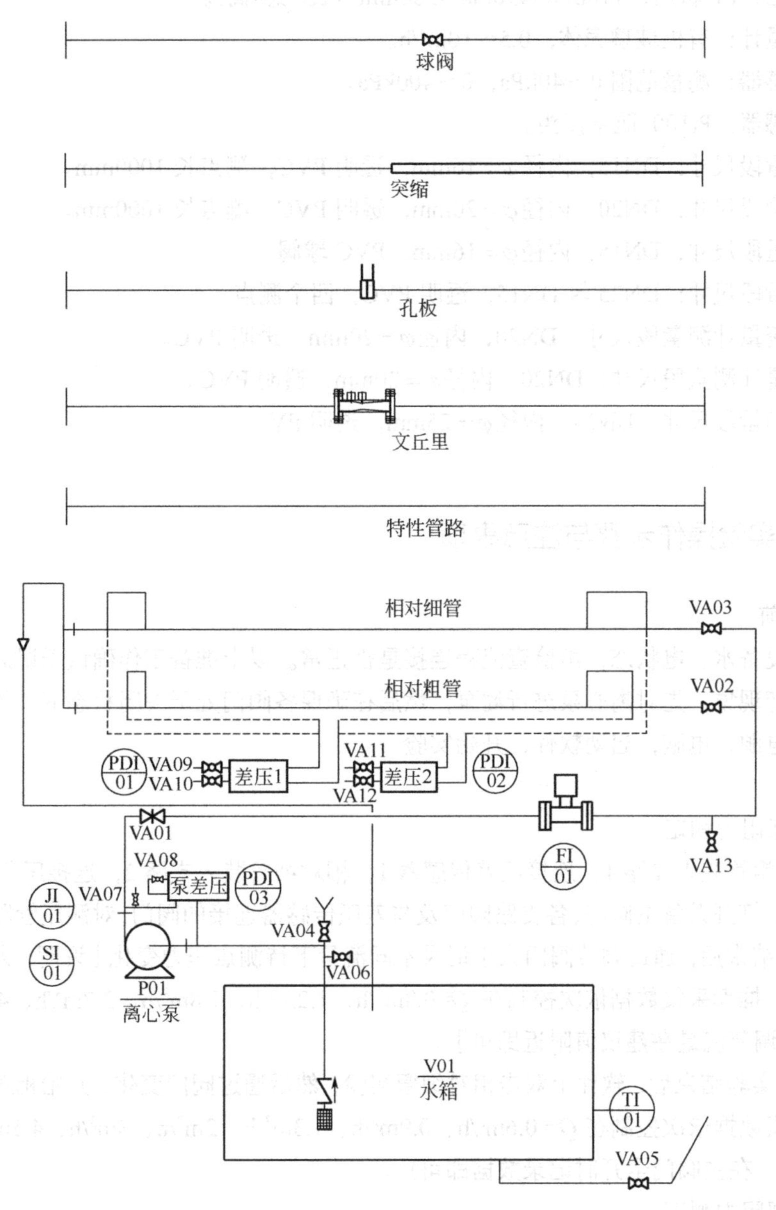

图 3-7　综合流体力学实验装置流程图

设备仪表参数如下。

阀门：VA01-流量调节阀，VA02-支路 1 阀，VA03-支路 2 阀，VA04-灌泵阀，VA05-排净阀，VA06-泵入口排水阀，VA07-排气阀，VA08-平衡阀，VA09-压差 1H 阀，VA10-压差 1L 阀，VA11-压差 2H 阀，VA12-压差 2L 阀，VA13-排液阀。

温度：TI01-循环水温度。

压差：PDI01-压差 1，PDI02-压差 2，PDI03-泵压差。

流量：FI01-循环水流量。

离心泵：不锈钢材质，0.55kW，6m^3/h。

循环水箱：PP 材质，710mm×490mm×380mm（长×宽×高）。

涡轮流量计：有机玻璃壳体，0.5～10m^3/h。

压差传感器：测量范围 0～40kPa，0～400kPa。

温度传感器：Pt100 航空接头。

细管测量段尺寸：DN15，内径$\varphi=16$mm，透明 PVC，测点长 1000mm。

粗管测量段尺寸：DN20，内径$\varphi=20$mm，透明 PVC，测点长 1000mm。

阀门测量段尺寸：DN15，内径$\varphi=16$mm，PVC 球阀。

突缩测量段尺寸：DN25 转 DN15，透明 PVC，四个测点。

文丘里流量计测量段尺寸：DN20，内径$\varphi=20$mm，透明 PVC。

孔板流量计测量段尺寸：DN20，内径$\varphi=20$mm，透明 PVC。

泵特性测量段尺寸：DN25，内径$\varphi=25$mm，透明 PVC。

四、实验操作步骤与注意事项

1. 实验前

先检查设备水、电状态，再检查流程连接是否正常。以上准备工作确认无误后，为防止离心泵发生气缚现象，先对离心泵进行灌泵，然后在确保各阀门处于关闭状态下，依次打开主机电源、控制电源、电脑，启动软件，开始实验。

2. 测量

（1）管路阻力测定

① 相对粗管装入支路 1，连接压差传感器 1；相对细管装入支路 2，连接压差传感器 2。

② 排气，打开设备主阀门、各支路阀门及与差压传感器连接的阀门，对测压管路进行排气。

③ 排气结束后，通过调节阀门大小记录不同流量下待测点压力变化［说明：为了取得满意的实验结果，推荐采集数据依次控制在 Q=0.8m^3/h、1.2m^3/h、1.8m^3/h、2.7m^3/h、4m^3/h 及最大（核）。每次调节流量在建议值附近即可］。

④ 此项实验结束后，软件上双击相对细管实验，然后通过阀门变化，开始相对细管实验内容。推荐采集数据依次控制在 Q= 0.6m^3/h、0.9m^3/h、1.3m^3/h、2m^3/h、3m^3/h、4.5m^3/h（若无法达到 4.5m^3/h，在主阀门全开时记录数据即可）。

（2）局部阻力测定

① 选择球阀管装入支路 2，中间测压点接压差传感器 1，两边测压点接压差传感器 2；另选任意一支管路装入支路 1；然后依次进行排气和数据记录。球阀管路实验推荐采集数据依次控制在 Q=0.6m^3/h、0.9m^3/h、1.3m^3/h、2m^3/h、3m^3/h 及最大。

② 此实验结束后，将突缩管装入支路 2，中间测压点接压差传感器 1，两边测压点接压差传感器 2；然后依次进行排气和数据记录。为了取得满意的实验结果，突缩管实验推荐采集数据依次控制在 Q = 0.6m^3/h、0.9m^3/h、1.3m^3/h、2m^3/h、3m^3/h 及最大。

（3）流量计标定

选择文丘里流量计管装入支路 1，连接压差传感器 1；孔板流量计管装入支路 2，连接压差传感器 2；然后依次进行排气和数据记录（说明：为了取得满意的实验结果，文丘里管路实验推荐采集数据依次控制在 Q=0.8m³/h、1.2m³/h、1.8m³/h、2.7m³/h、4m³/h、6m³/h。孔板管路实验推荐采集数据依次控制在 Q=0.6m³/h、0.9m³/h、1.3m³/h、2m³/h、3m³/h、5m³/h。）。

（4）离心泵特性曲线测定

将特性管路装入支路 1，选择任意管装入支路 2，测压点用软管短接；然后依次进行排气和数据记录。每次改变流量，应以涡轮流量计读数 q 变化为准，推荐采集数据控制在 Q = 0m³/h、1m³/h、2m³/h、3m³/h、4m³/h、5m³/h、6m³/h 及最大。

（5）管路特性曲线测定

低阻管路特性曲线测定：

① 选择粗管装入支路 1，球阀管装入支路 2，测压点用软管短接。

② 将设备主阀门开到最大，根据涡轮流量计的读数逐渐从大到小调节泵转速，推荐涡轮流量计采集数据控制在 Q =最大、5m³/h、4m³/h、3m³/h、2m³/h、1m³/h。

③ 实验结束后，将离心泵转速复原到 2850 r/min。

高阻管路特性曲线测定：

① 最大转速下，将流量调节到约 4m³/h 开度，此后，阀门不再调节，根据涡轮流量计的读数逐渐调节转速，推荐涡轮流量计采集数据控制在 Q = 4m³/h、3m³/h、2m³/h、1m³/h、0.6m³/h。依次记录涡轮流量计示数及差压传感器 3 的读数。

② 实验结束后，将离心泵转速复原到 2850r/min。

3. 实验后

实验完毕后，停泵，将水箱及管路残留液体放净，然后关闭所有阀门，关闭设备电源。若实验过程涉及不能直接排放的有害物质一定要事先进行废液处理。最后打扫实验区域卫生，保持实验区域干净整洁。

五、实验记录与数据处理

粗管实验数据记录表（见表 3-5），细管实验数据记录表（见表 3-6），阀门阻力实验数据记录表（见表 3-7），突缩阻力实验数据记录表（见表 3-8），文丘里标定实验数据记录表（见表 3-9），孔板实验数据记录表（见表 3-10），离心泵特性曲线实验数据记录表（见表 3-11），低、高阻管路实验数据记录表（见表 3-12）。

表 3-5 粗管实验数据记录表

实验温度：　　；流体密度：　　；流体黏度：　　；粗管内径：　　；管路长度：

序号	流量 Q/（m³/h）	压差 1/kPa	流速/（m/s）	雷诺数 Re（$\times10^{-4}$）	λ
1					
2					
3					
4					
5					
……					

表 3-6　细管实验数据记录表

实验温度:　　；流体密度:　　；流体黏度:　　；粗管内径:　　；管路长度:

序号	流量 Q /（m^3/h）	压差 2/kPa	流速/（m/s）	雷诺数 Re/（$\times10^{-4}$）	λ
1					
2					
3					
4					
5					
……					

表 3-7　阀门阻力实验数据记录表

实验温度:　　；流体密度:　　；流体黏度:

序号	流量 Q /（m^3/h）	压差 1/kPa	压差 2/kPa	流速/（m/s）	雷诺数 Re（$\times10^{-4}$）	ζ
1						
2						
3						
4						
5						
……						

表 3-8　突缩阻力实验数据记录表

实验温度:　　；流体密度:　　；流体黏度:　　；粗管内径:　　；细管内径:

序号	流量 Q /（m^3/h）	压差 1/kPa	压差 2/kPa	流速 1/（m/s）	流速 2/（m/s）	雷诺数 Re（$\times10^{-4}$）	ζ
1							
2							
3							
4							
5							
……							

表 3-9　文丘里标定实验数据记录表

实验温度:　　；流体密度:　　；流体黏度:

序号	流量 Q/（m^3/h）	压差 1 Δp/kPa	孔板标定	
			Re（$\times10^{-4}$）	C_0
1				
2				
3				
4				
5				
……				

表 3-10　孔板实验数据记录表

实验温度:　　；流体密度:　　；流体黏度:

序号	流量 Q/（m^3/h）	压差 2 Δp/kPa	孔板标定	
			Re（$\times10^{-4}$）	C_v
1				
2				
3				
4				
5				
……				

表 3-11　离心泵特性曲线实验数据记录表

实验温度：　　　；流体密度：　　　；流体黏度：

序号	流量 Q/(m³/h)	压差 1/kPa	转速 n/（r/min）	功率 P/kW	泵性能曲线（转速校正后）			
					q/（L/s）	H/m	P/kW	η
1								
2								
3								
4								
5								
……								

表 3-12　低、高阻管路实验数据记录表

实验温度：　　　；流体密度：

序号	低阻管路			高阻管路		
	流量 Q/（m³/h）	压差 1/kPa	扬程 H/m	流量 Q/（m³/h）	压差 2/kPa	扬程 H/m
1						
2						
3						
4						
5						
……						

1. 分析不同管径管路摩擦系数λ与雷诺数 Re 关系及异同点。
2. 总结流量计流量系数随雷诺数的变化趋势。
3. 结合伯努利方程分析离心泵特性曲线变化趋势。
4. 分析低、高阻管路特性曲线的异同点。

六、思考题

1. 随着雷诺数的增大，摩擦系数λ为什么不是定值？什么情况下可以忽略雷诺数对摩擦系数λ的影响？
2. 从离心泵特性曲线分析，离心泵启动和关闭时，出口阀门为什么要处于关闭状态？
3. 综合以上实验数据结果，离心泵选型要点有哪些？
4. 正常工作的离心泵，在进口处设置阀门是否合理？为什么？

实验六　恒压过滤实验

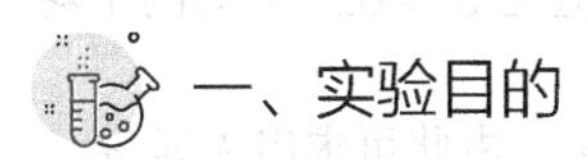

一、实验目的

1. 了解板框过滤机的构造、原理和操作方法。

2. 掌握恒压过滤时过滤常数 K、通过单位过滤面积当量滤液量 q_e、当量过滤时间 τ_0 的测定方法，加深对 K、q_e、τ_0 的概念和影响因素的理解。

3. 掌握滤饼压缩性指数 s 和物料常数 k 的测定方法。

4. 掌握板框过滤机洗涤速率的测定方法，验证洗涤速率和过滤终了速率的关系。

二、实验原理

1. 恒压过滤基本方程式

$$\left(V+V_e\right)^2=KA^2\left(\tau+\tau_0\right) \tag{3-30}$$

式中 V——滤液体积，m^3；

V_e——过滤介质的当量滤液体积，m^3；

K——过滤常数，m^2/s；

A——过滤面积，m^2；

τ——得到滤液 V 所需的过滤时间，s；

τ_0——得到滤液 V_0 所需的过滤时间，s。

式（3-30）也可以写为：

$$\left(q+q_e\right)^2=K\left(\tau+\tau_0\right) \tag{3-31}$$

式中 $q=V/A$，即单位过滤面积的滤液量，m；

$q_e=V_e/A$，即单位过滤面积的虚拟液量，m。

2. 过滤常数 K、q_e、τ_0 测定方法

将式（3-31）对 q 求导数，得：

$$\frac{d\tau}{dq}=\frac{2}{K}q+\frac{2}{K}q_e \tag{3-32}$$

式(3-32)是一个直线方程式，以 $\frac{d\tau}{dq}$ 对 q 在普通坐标纸上标绘可得一条直线。其斜率为 $\frac{2}{K}$，截距为 $\frac{2}{K}q_e$。当各数据点的时间间隔不大时，实验时 $\frac{d\tau}{dq}$ 可用 $\frac{\Delta\tau}{\Delta q}$ 代替，即：

$$\frac{\Delta\tau}{\Delta q}=\frac{2}{K}q+\frac{2}{K}q_e \tag{3-33}$$

因此，只需在某一恒压下进行过滤，测取一系列的 q 和 $\Delta\tau$、Δq 值，在笛卡儿坐标系上以 $\frac{\Delta\tau}{\Delta q}$ 为纵坐标，q 为横坐标（由于 $\frac{\Delta\tau}{\Delta q}$ 的值是对 Δq 来说的，因此图上 q 的值应取其在此区间的平均值），通过线性拟合绘制一条直线，这条直线的斜率为 $\frac{2}{K}$，截距为 $\frac{2}{K}q_e$，由此可求出 K 及 q_e，再以 $q=0$，$\tau=0$ 带入式（3-31）即可求得 τ_0。

3. 洗涤速率的测定

洗涤速率的计算：

$$\left(\frac{\mathrm{d}V}{\mathrm{d}\tau}\right)_{洗}=\frac{V_{\mathrm{w}}}{\tau_{\mathrm{w}}} \tag{3-34}$$

式中 V_{w}——洗液量，m^3；

τ_{w}——洗涤时间，s。

由于在一定压强下，洗涤速率是恒定不变的。

最终过滤速率的计算：

$$\left(\frac{\mathrm{d}V}{\mathrm{d}\tau}\right)_{终}=\frac{KA^2}{2(V+V_{\mathrm{e}})}=\frac{KA}{2(q+q_{\mathrm{e}})} \tag{3-35}$$

最终过滤的时间点可以从滤液量显著减少来估计，此时滤液出口处的液流由满管口变成线状流下。也可以利用作图法来确定，一般情况下，最后的$\dfrac{\Delta\tau}{\Delta q}$对 q 在图上标绘的点会偏高，可在图中直线的延长线上取点，作为过滤终了阶段来计算最终过滤速率。

4. 物料特性常数 K 与压缩性指数 s 的求取

过滤常数 K 的定义式为：

$$K=2k\Delta p^{1-s} \tag{3-36}$$

式中 k——表征过滤物料特性的常数，$\mathrm{m}^4/(\mathrm{N}\cdot\mathrm{s})$ 或 $\mathrm{m}^2/(\mathrm{Pa}\cdot\mathrm{s})$；

Δp——过滤压差，Pa；

s——滤饼的压缩性指数，无量纲。

对式（3-36）两边取对数

$$\lg K=(1-s)\lg(\Delta p)+\lg(2k) \tag{3-37}$$

因 k 为常数，故 K 与Δp 的关系在对数坐标上作图时是一条直线，直线的截距为 $\lg 2k$，斜率为（$1-s$）。因此在几个不同的压差下重复过滤实验（注意，应保持在同一物料浓度、过滤温度条件下），从而求出 K 与压差Δp 之间的关系，即可测出滤饼的压缩性指数 s 和物料特性常数 k。

通过公式：

$$k=\frac{1}{\mu r_0 v} \tag{3-38}$$

还可计算出单位压差下滤饼的阻力 r_0。

式中 μ——实验条件下滤液的黏度，$\mathrm{Pa}\cdot\mathrm{s}$；

r_0——单位压力差下滤饼的比阻，$1/\mathrm{m}^2$；

v——实验条件下物料的体积含量，无量纲。

三、实验装置

实验装置流程图如图 3-8 所示。

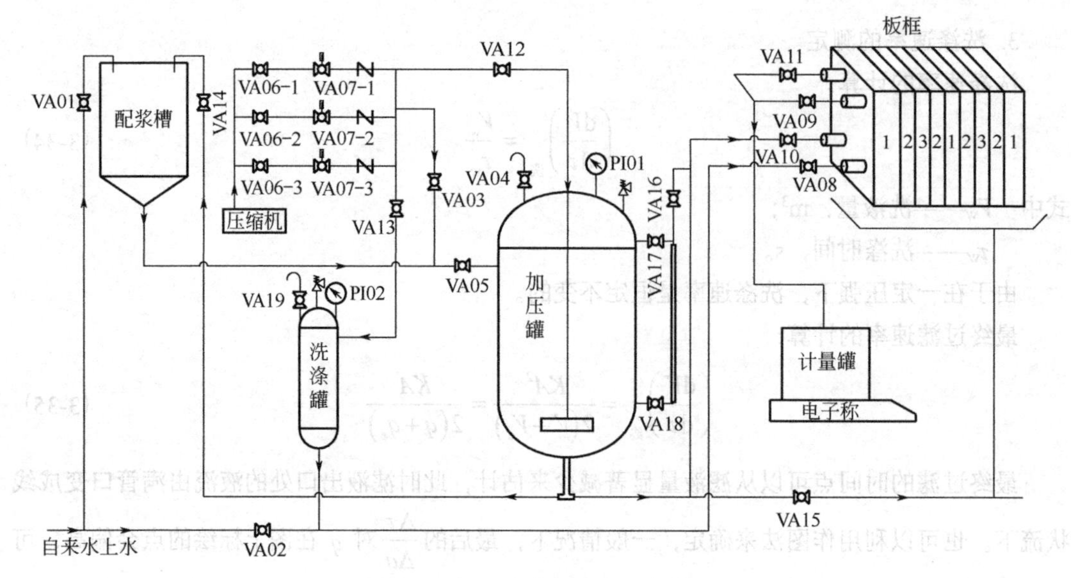

图 3-8 恒压过滤实验装置流程图

四、实验操作步骤与注意事项

1. 关闭所有阀门。

2. 将板和框按照 1—2—3—2—1—2—3—2…的顺序排列在过滤机架上，在滤框上装好滤布，压紧板框。（注：滤布在装上之前要用水先浸湿，装合板框过滤机板框时要特别注意板、框排列的顺序及正反面，滤布孔要对准过滤板的孔道，滤布表面要平整，不起皱纹，以免漏液。）

3. 在配浆槽中配置质量分数为 5%～7%的轻质 $MgCO_3$ 21 L。配浆用水可以通过打开进水阀（VA01）加入，配制时要不断搅拌，直到不存在块状固体为止。

4. 打开进水阀（VA02）向洗涤罐内加水约 3/4 后关闭进水阀（VA02），为洗涤做准备。

5. 打开进浆阀（VA05）和排气阀（VA04），将滤浆加到储浆加压罐后关闭进浆阀（VA05）和排气阀（VA04）。

6. 通过空气压缩机向加压罐中加压，气动搅拌盘对物料进行搅拌，保持料液浓度均匀。

7. 待加压罐压力达到设定压力时，开启板框过滤机进料阀（VA10）及上方出料阀（VA09 和 VA11），滤浆便被压缩空气的压力送入板框过滤机进行过滤。滤液流入计量罐，测取每获得一定质量的滤液（建议 500 g）所需要的时间。

8. 待滤渣充满全部滤框后（此时滤液流量很小，但仍呈线状流出），关闭进料阀（VA10），停止过滤。

9. 关闭加压罐进气阀，打开连接洗涤罐的压缩空气进气阀，维持洗涤压强与过滤压强一致。

10. 关闭过滤机滤液出口阀（VA09），开启洗水进入阀（VA08），进行滤饼洗涤，并立即测取有关数据。

11. 洗涤结束后，关闭洗水进入阀（VA08），旋开压紧螺杆，卸出滤渣，清洗滤布，整理板框。

12. 改变过滤压力，重复上述实验。

13. 全部实验结束后，关闭压缩机，清洗配浆槽、加压罐及其液位计。打扫实验区域卫生。

五、实验记录与数据处理

基础参数记录表，见表 3-13；过滤过程数据记录，见表 3-14；洗涤过程数据记录整理表，见表 3-15；k、s 测定实验数据记录整理表，见表 3-16。

表 3-13　基础参数记录表

计量罐	外径/mm		内径/mm		截面积/m^2	
滤框	框直径/mm		框数/个		洗涤面积/m^2	
	框厚/mm		框容积/ m^3		过滤面积/m^2	
料液参数	滤液量/ kg		物料量/kg		物料密度/（kg/m^3）	

表 3-14　过滤过程实验数据

序号	τ/s	滤液高度/cm	V/m^3	$\Delta\tau$/s	q/（m^3/m^2）	Δq/（m^3/m^2）	$\Delta\tau/\Delta q$/（s/m）
1							
2							
3							
4							
5							
6							
7							
8							
9							
10							

表 3-15　洗涤过程数据记录整理表

洗涤压强/kPa	洗涤时间/s	洗水体积/m^3	$\left(\frac{dV}{d\tau}\right)_w$/（$m^3/s$）	$\left(\frac{dV}{d\tau}\right)_w$/（$m^3/s$）
备注:				

表 3-16　k、s 测定实验数据记录整理表

序号	1	2	3	4	5
Δp/kPa					
K/（m^2/s）					
k/[m^4/(N·s)]: s:					

1. 分析恒压过滤常数 K 与过滤压力的关系。
2. 分析确定体现过滤介质阻力的参数。

六、思考题

1. 过滤刚开始时，为什么滤液经常是浑浊的?
2. 当操作压强增加一倍，其 K 值是否也增加一倍? 要得到同样的过滤量时，其过滤时间是

否缩短一半?

3. 实验数据中第一点有无偏低或偏高的现象?怎样解释?

实验七 非均相气固分离实验

一、实验目的

1. 了解含粉尘的气流在旋风分离器内的运动状况。
2. 了解旋风分离器的除尘原理。
3. 了解气固分离效率的测定以及粒级效率的测定。

二、实验原理

含尘气体由旋风分离器上部沿切线方向的长方形通道进入,形成一个绕筒体中心向下作螺旋运动的外旋流,外旋流达到器底后又形成一个向上的内旋流,内、外旋流气体旋转方向相同。在此过程中,颗粒在惯性离心力作用下被抛向器壁与气流分离,并沿壁面落入锥底排灰口。净化后的气体沿内旋流由顶部排气管排出。

$$\eta = \frac{m_{分离}}{m_{进}} \tag{3-39}$$

式中 $m_{进}$——进入旋风分离器粉尘的量,g;

$m_{分离}$——进入锥底排灰口的量,g。

粒级效率(η)按分离颗粒的分离情况分别计算。

三、实验装置

实验装置示意图如图 3-9 所示。

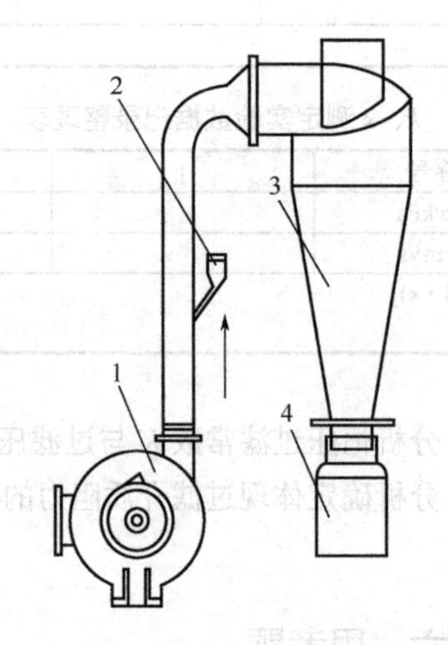

1—风机;2—粉尘入口;3—旋风分离器;4—产品接收瓶

图 3-9 非均相气固分离实验装置示意图

四、实验操作步骤与注意事项

1. 了解该实验的流程,称量粉尘的质量以及产品接受瓶的空瓶质量。先开电源开关,再开风机开关。

2. 打开粉尘入口,将粉尘加入后盖好;观察其在旋风分离器内的运动形态(注意在加料的过程中由于进料口较小,所以加料的速度较慢,可以轻轻拍打加料瓶的外表面以加快其进料速度)。

3. 将产品接受瓶与里面的粉尘一同称重，记下所得的读数。计算出分离效率。

4. 将产品接受瓶内的粉尘用不同目的标准筛将其分离，并一一称其质量，记于记录本上。用坐标纸描点即可得其粒级效率。

5. 观察细小的硅胶粒子无法被分离，与净化气一起从顶部排气口排出，加深学生对临界粒径的理解。

五、实验记录与数据处理

1. 将原始数据列成表格。
2. 根据实验结果做出分级效率曲线、粒级效率曲线。

六、思考题

1. 为什么进气口要在筒壁的切线方向而不在径向方向?
2. 通过实验可知，哪些指标可用来判断旋风分离器分离性能好坏?
3. 临界粒径指的是什么?
4. 为什么离心分离器的总分离效率 η_0 不能准确地表示出其分离性能的好坏?
5. 气体通过旋风分离器的压降大些好还是小些好?

实验八　套管式换热器传热实验

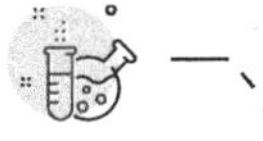

一、实验目的

1. 熟悉传热实验的实验方案设计及流程设计。
2. 了解换热器的基本构造与换热原理。
3. 掌握热量衡算以及传热系数 K、对流传热系数 α 的测定方法。
4. 了解强化传热的途径及措施。
5. 掌握热电偶的测温原理及电位差计的使用。

二、实验原理

传热实验是在实验室条件下的教学实验，用仪表考察冷热流体在套管式换热器中的传热过程，其理论基础是传热基本方程、牛顿冷却定律及热量平衡关系。

由传热基本方程得:

$$Q=KA\Delta t_{\mathrm{m}} \tag{3-40}$$

式中　K——传热系数，W/（$m^2 \cdot K$）；

A——换热器的传热面积，m^2；

Δt_m——平均温度差，K；

Q——传热量，W。

由上式可得 $K = Q/(A\Delta t_m)$，由实验测定 Q、A、Δt_m 即可求得 K 值。

由传热系数 K 亦可确定换热面内、外两侧的对流传热膜系数。

对薄壁圆管（d_o/d_i 小于 2），传热系数 K 与传热膜系数之间有如下关系：

$$\frac{1}{K}=\frac{1}{\alpha_o}+\frac{1}{\alpha_i}+\frac{\delta}{\lambda}+R_{do}+R_{di} \tag{3-41}$$

式中　α_o——加热管外壁面的对流传热系数，W/（$m^2 \cdot K$）；

α_i——加热管内壁面的对流传热系数，W/（$m^2 \cdot K$）；

δ——加热管壁厚，m；

λ——加热管的热导率，W/（$m \cdot K$）；

R_{do}——加热管外壁面的污垢热阻，$m^2 \cdot K/W$；

R_{di}——加热管内壁面的污垢热阻，$m^2 \cdot K/W$。

实验室条件下忽略污垢热阻，而传热壁面（钢管）的热导率λ很大，则：

$$K=\frac{1}{\dfrac{1}{\alpha_o}+\dfrac{1}{\alpha_i}} \tag{3-42}$$

实验中，管内蒸汽冷凝对流传热系数 α_i 远大于管外的空气对流传热系数 α_o，即 $\alpha_i \gg \alpha_o$，则有 $K \approx \alpha_o$。

实验中冷流体采用空气，热流体采用水蒸气。通过测取冷、热流体在换热器进、出口的流量及温度变化来进行总传热系数 K、对流传热系数 α 与相关特征数关系的测定。

三、实验装置

实验装置如图 3-10 所示。

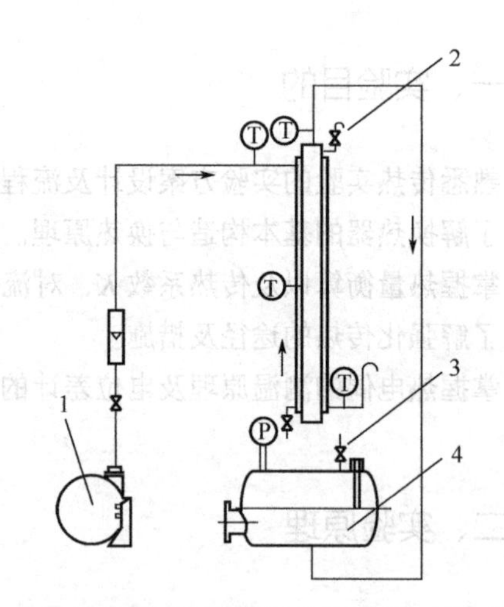

1—风机；2—不凝性气体放空阀；3—安全阀；4—蒸汽发生器

图 3-10　传热实验装置图

四、实验操作步骤与注意事项

1. 实验前应熟悉实验流程，做好实验的准备工作。

2. 检查电源连接是否正确，风机、加热装置工作是否正常，设备密封是否良好。

3. 检查蒸汽发生器内水位是否符合要求，必要时加水，水量须超过蒸发器 2/3 处（注意液位计的显示只能平行于和空容器相连的上部管子处，当液位超过此处时，即使加入再多的水液位计也只显示同一液位)，以免加热管被烧坏。

4. 检查热电偶接触是否良好，冰水温度是否指示为零摄氏度（热电偶校正）。

5. 调节风速计。将选择开关旋至零位，调节零位调节开关至指针指向零刻度；再将选择开关旋至满度，调节满度调节开关至指针指向满度。测定风速时，选择开关应旋至满度。因风速计为内部电池供电，为了使测定的数据稳定，在改变风速（风量）完成风速测定后，应及时关闭风速计，需要时再打开风速计进行下次测定。

6. 打开蒸汽冷凝器的冷凝水（自来水）开关，控制适当的水量。

7. 打开电源开关后，打开蒸汽发生器电源开关，然后将电流表边上的调节 1、调节 2 打至最大值，大约 30min 后产生蒸汽，产生蒸汽后，稍开放空阀（在换热器顶部），排除不凝性气体。实验过程中，应控制蒸汽发生器内的压强小于 0.1MPa，调节措施包括降低蒸汽发生器的电流、增加冷凝水流量以及紧急打开放空阀等。

操作状态的选择。第 1 组实验可调节蒸汽发生器的电流为最大值，而空气流速为较小值（1.0～1.5m/s），此后每组实验应该逐步减小电流和增大空气流速。实验组数应不少于 5 组。

8. 应待操作状态稳定后才开始读取实验数据，两组数据间应有一定的稳定时间。热流体（蒸汽）进口温度以蒸汽发生器上的饱和蒸气压来确定。

9. 实验操作时应注意安全，防止触电和烫伤。

10. 实验完毕后应关掉加热开关停止加热，继续通入空气和冷凝水，冷却一段时间后再关闭风机和冷凝水，最后关掉电源开关。将实验数据交给实验指导老师检查。

五、实验记录与数据处理

1. 将原始数据列成表格（如表 3-17）并进行实验数据处理，整理出相关经验公式，绘出相应实验图表及曲线。

2. 根据实验结果对测定的 K、α 值进行分析讨论。

表 3-17　实验数据记录表

序号	气体流速 u/（m/s）	气体入口温度/°C	气体出口温度/°C	蒸发器表压强/MPa	蒸汽出口温度/°C	ΔT_m/°C
1						
2						
3						
4						
5						

六、思考题

1. 本实验中，计算 Re 时的空气密度应如何求取？通过流速计时的空气密度应如何确定？

2. 在实验中，为何要排除套管式换热器内的不凝性气体？

3. 为何要将实验数据整理成 Nu～Re 的特征数关系，而不整理成 Nu 与流量的关系？

实验九　传热综合实验

一、实验目的

1. 掌握流体无相变时对流传热系数的计算方法。
2. 掌握蒸汽在单根水平管上的膜状冷凝对流传热系数的计算方法。
3. 掌握传热过程的热量衡算及总传热系数的计算方法。

二、实验原理

圆形直管强制湍流时的变量关系为：

$$Nu_{测}=\frac{\alpha_{测}d_{i}}{\lambda}，\ \alpha=0.023\frac{\lambda}{d}Re^{0.8}Pr^{0.4} \tag{3-43}$$

蒸汽在水平管外冷凝的对流传热膜系数关系式及总传热系数 K 的计算式为：

$$\alpha_{0}=0.725\left(\frac{\rho^{2}g\lambda^{3}r}{d_{0}\Delta t\mu}\right)^{\frac{1}{4}}，\ K=\frac{q}{A\Delta t_{m}} \tag{3-44}$$

1. 管内 Nu、α的测定计算（以光滑管为例）

（1）管内空气质量流量 G 的计算

孔板流量计的标定条件：$p_0=101325$ Pa，$T_0=293$ K，$\rho_0=1.205$ kg/m³。

孔板流量计的实际条件：$p_1=p_0+\mathrm{PI02}$，PI02 为进气压力表读数；$T_1=273+\mathrm{T101}$，T101 为进气温度。

$$\rho_{1}=\frac{p_{1}T_{0}}{p_{0}T_{1}}\rho_{0} \tag{3-45}$$

则

$$V_{1}=C_{0}A_{0}\sqrt{\frac{2\mathrm{PDI01}}{\rho_{1}}} \tag{3-46}$$

式中　V_1——实际风量，m³/s；

C_0——孔流系数，取 0.7～1.3；

A_0——孔面积（孔径为 0.01278m），m²；

PDI01——孔板压差，Pa；

ρ_1——空气实际密度，kg/m³。

管内空气的质量流量（kg/s）为：

$$G=V_{1}\rho_{1} \tag{3-47}$$

（2）管内雷诺数 Re 的计算

因为空气在管内流动时，其温度、密度、风速均发生变化，而质量流量却为定值，因此，其雷诺数的计算按式（3-48）进行：

$$Re=\frac{du\rho}{\mu}=\frac{4G}{\pi d\mu} \tag{3-48}$$

式（3-48）中的物性数据μ可按管内定性温度$t_{定}$求出，如式（3-49）。

$$t_{定}=\frac{\mathrm{TI22}+\mathrm{TI24}}{2} \tag{3-49}$$

式中 TI22——光滑管冷风进口温度，℃；

TI24——光滑管冷风出口温度，℃。

（3）热负荷计算

套管换热器在管外蒸汽和管内空气的换热过程中，管外蒸汽冷凝释放出潜热传递给管内空气，以空气为衡算物料进行换热器的热负荷计算。

根据热量衡算式：

$$q=Gc_p\Delta t \tag{3-50}$$

式中 q——热负荷，kW；

G——空气的质量流量，kg/s；

c_p——定性温度（如上式$t_{定}$）下的空气恒压比热容，kJ/（kg·K）；

Δt——空气的温升（$\Delta t=\mathrm{TI24}-\mathrm{TI22}$），℃。

（4）α和努塞尔数Nu的测定值

由传热速率方程：

$$q=\alpha A\Delta t_{\mathrm{m}} \tag{3-51}$$

得：

$$\alpha_{测}=\frac{q}{A\Delta t_{\mathrm{m}}} \tag{3-52}$$

式中 $\alpha_{测}$——对流传热系数测定值，kW/（m^2·K）；

q——热负荷，kW；

A——管内表面积（$A=\pi d_iL$，d_i= 18mm，L = 1000mm），m^2；

Δt_m——管内平均温度差［按式（3-53）计算］，K。

$$\Delta t_{\mathrm{m}}=\frac{\Delta t_{\mathrm{A}}-\Delta t_{\mathrm{B}}}{\ln\frac{\Delta t_{\mathrm{A}}}{\Delta t_{\mathrm{B}}}} \tag{3-53}$$

其中，Δt_A= TI25 −TI24，Δt_B = TI23 −TI22；TI23为光滑管出口壁温，℃；TI25为光滑管进口壁温，℃。

努塞尔数Nu的测定值为：

$$Nu_{测}=\frac{\alpha_{测}d_{\mathrm{i}}}{\lambda} \tag{3-54}$$

（5）α经验计算、努塞尔数Nu计算值

$$\alpha_{计}=0.023\frac{\lambda}{d}Re^{0.8}Pr^{0.4} \tag{3-55}$$

式（3-55）中的物性数据λ、Pr均按管内定性温度求出。

$$Nu_{计}=0.023Re^{0.8}Pr^{0.4} \tag{3-56}$$

2. 管外α的测定与计算

(1) 管外α测定值

已知管内热负荷 q，由管外蒸汽冷凝传热速率方程：

$$q = \alpha_0 A \Delta t_m \tag{3-57}$$

得：

$$\alpha_{测} = \frac{q}{A\Delta t_m} \tag{3-58}$$

式中 $\alpha_{测}$——对流传热系数测定值，kW/（$m^2 \cdot K$）；

q——热负荷，kW；

A——管外表面积（$A = \pi d_o L$，$d_o = 22mm$，$L = 1000mm$），m^2；

Δt_m——管外平均温度差［按式（3-59）计算］，K。

$$\Delta t_m = \frac{\Delta t_A - \Delta t_B}{\ln \dfrac{\Delta t_A}{\Delta t_B}} = \frac{\Delta t_A + \Delta t_B}{2} \tag{3-59}$$

其中，Δt_A= TI06 －TI23，Δt_B = TI06 －TI25；TI06 为蒸汽温度，℃。

(2) 管外 α的计算值

根据蒸汽在单根水平圆管外膜状冷凝传热膜系数计算公式计算出：

$$\alpha_0 = 0.725\left(\frac{\rho^2 g \lambda^3 r}{d_0 \Delta t \mu}\right)^{\frac{1}{4}} \tag{3-60}$$

式（3-60）中有关水的物性数据均按管外膜平均温度查取。

$$t_{定} = \frac{TI06 + \overline{t}_w}{2}，\quad \overline{t}_w = \frac{TI25 + TI23}{2}，\quad \Delta t = T106 - \overline{t}_w \tag{3-61}$$

3. 总传热系数 K 的测定

(1) K 测定值（以管外表面积为基准）

已知管内热负荷 q，由总传热方程知：

$$K = \frac{q}{A\Delta t_m} \tag{3-62}$$

式中 A——管外表面积（$A = \pi d_0 L$），m^2；

Δt_m——平均温度差［按式（3-63）计算］，K。

$$\Delta t_m = \frac{\Delta t_A - \Delta t_B}{\ln \dfrac{\Delta t_A}{\Delta t_B}} = \frac{\Delta t_A + \Delta t_B}{2} \tag{3-63}$$

其中，Δt_A= TI06–TI22，Δt_B = TI06–TI24。

(2) K 计算值（以管外表面积为基准）

$$\frac{1}{K_{计}} = \frac{d_o}{d_i} \times \frac{1}{\alpha_i} + \frac{d_o}{d_i} \times R_i + \frac{d_o}{d_m} \times \frac{b}{\lambda} + R_o + \frac{1}{\alpha_o} \tag{3-64}$$

式中 R_i、R_o——分别为管内、外污垢热阻，可忽略不计；

λ——铜的热导率，380W/（m·K）。

由于污垢热阻可忽略，铜管管壁热阻也可忽略（铜的热导率很大且铜不厚，若同学有兴趣完全可以计算出来此项作比较），式（3-64）可简化为：

$$\frac{1}{K_{计}}=\frac{d_o}{d_i}\times\frac{1}{\alpha_i}+\frac{1}{\alpha_o} \tag{3-65}$$

三、实验装置

综合传热实验装置流程图见图 3-11。

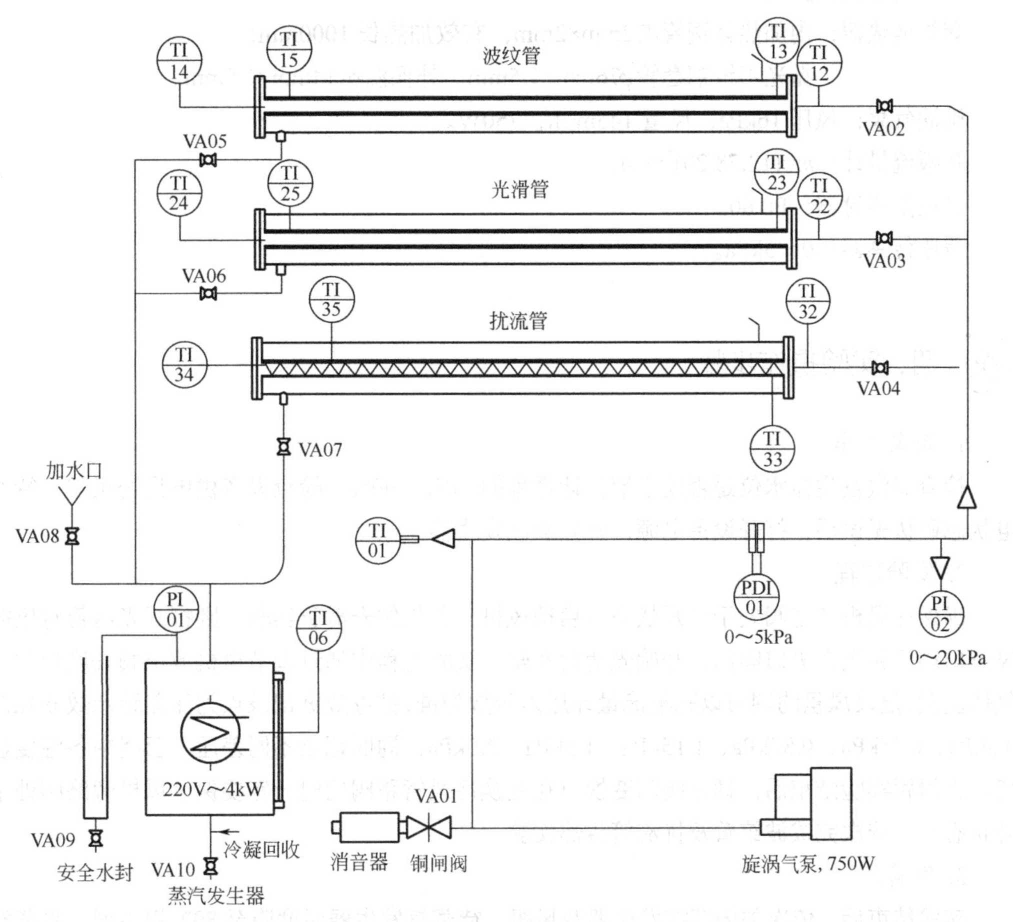

TI01—风机出口气温（校正用）；TI12—波纹管冷风进口温度；TI14—波纹管冷风出口温度；TI13—波纹管出口壁温；TI15—波纹管进口壁温；TI22—光滑管冷风进口温度；TI24—光滑管冷风出口温度；TI23—光滑管出口壁温；TI25—光滑管进口壁温；TI32—扰流管冷风进口温度；TI34—扰流管冷风出口温度；TI33—扰流管出口壁温；TI35—扰流管进口壁温；VA01—系统进气调节阀；VA02—波纹管冷风进气阀门；VA03—光滑管冷风进气阀门；VA04—扰流管冷风进气阀门；VA05—波纹管蒸汽进口阀门；VA06—光滑管蒸汽进口阀门；VA07—扰流管蒸汽进口阀门；VA08—蒸汽发生器进水阀门；VA09—安全水封放水阀；VA10—蒸汽发生器放净阀；PI01—蒸汽发生器压力传感器；PI02—压力传感器（温压校正用）；PDI01—孔板流量计差压传感器

图 3-11　综合传热实验装置流程图

（1）流程说明

本装置主体套管换热器内为一根紫铜管，外套管为不锈钢管。两端法兰连接，外套管设置有两对视镜，方便观察管内蒸汽冷凝情况。管内铜管测点间有效长度为1000 mm。

空气由风机送出，经孔板流量计后进入被加热铜管进行加热升温，至另一端排出放空。在进、出口两个截面上铜管管壁内分别装有2支热电阻，可分别测出两个截面上的壁温；热电阻TI01可将孔板流量计前进口的气温测出。

蒸汽进入套管换热器的不锈钢管外套，冷凝释放潜热，为防止蒸汽内有不凝性气体，本装置设置放空口，将不凝性气体排空，而冷凝液则回流到蒸汽冷凝罐内再利用。

（2）设备仪表参数

套管换热器：内加热紫铜管ϕ22mm×2mm，有效加热长1000mm；

抛光不锈钢套管ϕ76mm×1.5mm，外保温ϕ114mm×1.5mm。

旋涡气泵：风压16kPa，风量145m^3/h，750W。

孔板流量计：m=(12.78/20)^2=0.4。

热电阻传感器：Pt100。

差压传感器：0～5kPa。

四、实验操作步骤

1. 准备工作

检查蒸汽发生器水位是否处于液位计量程的70%～90%，检查设备供电是否正常。待水、电状态确认无误后，打开设备电源，开启蒸汽发生器。

2. 实验过程

确保在风机放空阀处于全开状态下启动风机，若先做光滑管实验，则打开光滑管对应的冷风进口阀门和蒸汽进口阀门，开始光滑管实验。实验过程中通过调节风机放空阀开度控制管路气体流量，建议风量的调节以孔板流量计压差示数为准，推荐数据记录点为压差计示数0.4kPa、0.5kPa、0.65kPa、0.85kPa、1.15kPa、1.5kPa、2.0kPa，同时记录不同差压下管路中各温度显示值。光滑管实验结束后，通过阀门变换（在变换冷风管路阀门时一定要保证风机旁路阀处于全开状态），依次完成波纹管及扰流管传热实验。

3. 实验后

实验结束后，依次关闭蒸汽发生器及风机。待蒸汽发生器温度降至80℃以下时，将蒸汽发生器内液体放净。打扫实验区域卫生，保持干净整洁。

五、实验记录与数据处理

1. 实验基本参数记录表，见表3-18、表3-19、表3-20、表3-21、表3-22、表3-23、表3-24。

表 3-18　套管实验基本参数记录表

铜管尺寸/m			孔板参数		基本参数			
内径	外径	管长	孔径/m	孔流系数 C_0	大气压/kPa	管内表面积/m²	铜的热导率λ/[W/(m·K)]	管外表面积/m²

表 3-19　波纹管实验数据记录表

序号	流量计数据			进口截面		出口截面		蒸汽	空气流量及流动状态				管内空气物性			
	P02/	T01/	PDI/	T12 气	T15 壁	T14 气	T13 壁	T06 蒸	ρ_1/	V_1/	G/	Re	$t_{定}$/°C	λ/	μ/cP①	Pr
	kPa	°C	kPa	°C					(kg/m³)	(m³/h)	(kg/h)			[W/(m·K)]		
1																
2																
3																
4																
5																
6																
7																

① 1cP=10^{-3}Pa·s。

表 3-20　波纹管实验结果记录表

序号	管外冷凝水物性					热负荷	管内有关计算结果						管外有关计算结果			总传热系数		
	$t_{定}$	ρ	λ	μ	r	Q	Re	Δt_m	$\alpha_{测}$	$Nu_{测}$	$\alpha_{计}$	$Nu_{计}$	Δt_m	$\alpha_{计}$	$\alpha_{测}$	Δt_m	$K_{测}$	$K_{计}$
	°C	kg/m³	W/(m·K)	cP	kJ/kg	W	10^{-4}	°C	W/(m²·K)		W/(m²·K)		°C	W/(m²·K)		°C	W/(m²·K)	
1																		
2																		
3																		
4																		
5																		
6																		
7																		

表 3-21　光滑管实验数据记录表

序号	流量计数据			进口截面		出口截面		蒸汽	空气流量及流动状态				管内空气物性			
	P02	T01	PDI	T22 气	T25 壁	T24 气	T23 壁	T06 蒸	ρ_1	V_1	G	Re	$t_{定}$	λ	μ	Pr
	kPa	°C	kPa	°C					kg/m³	m³/h	kg/h		°C	W/(m·K)	cP	
1																
2																
3																
4																
5																
6																
7																

表 3-22　光滑管实验结果记录表

序号	管外冷凝水物性					热负荷	管内有关计算结果						管外有关计算结果			总传热系数		
	$t_{定}$	ρ	λ	μ	r	Q	Re	Δt_m	$\alpha_{测}$	$Nu_{测}$	$\alpha_{计}$	$Nu_{计}$	Δt_m	$\alpha_{计}$	$\alpha_{测}$	Δt_m	$K_{测}$	$K_{计}$
	℃	kg/m³	W/(m·K)	cP	kJ/kg	W	$\times10^{-4}$	℃	W/(m²·K)		W/(m²·K)		℃	W/(m²·K)		℃	W/(m²·K)	
1																		
2																		
3																		
4																		
5																		
6																		
7																		

表 3-23　扰流管实验数据记录表

序号	流量计数据			进口截面		出口截面			空气流量及流动状态				管内空气物性			
	P02	T01	PDI	T32 气	T33 壁	T34 气	T35 壁	T06 蒸	ρ_1	V_1	G	Re	$t_{定}$	λ	μ	Pr
	kPa	℃	kPa	℃					kg/m³	m³/h	kg/h		℃	W/(m·K)	cP	
1																
2																
3																
4																
5																
6																
7																

表 3-24　扰流管实验结果记录表

序号	管外冷凝水物性					热负荷	管内有关计算结果						管外有关计算结果			总传热系数		
	$t_{定}$	ρ	λ	μ	r	Q	Re	Δt_m	$\alpha_{测}$	$Nu_{测}$	$\alpha_{计}$	$Nu_{计}$	Δt_m	$\alpha_{计}$	$\alpha_{测}$	Δt_m	$K_{测}$	$K_{计}$
	℃	kg/m³	W/(m·K)	cP	kJ/kg	W	$\times10^{-4}$	℃	W/(m²·K)		W/(m²·K)		℃	W/(m²·K)		℃	W/(m²·K)	
1																		
2																		
3																		
4																		
5																		
6																		
7																		

2. 数据分析与讨论

① 分析流体在圆形直管内作强制湍流时的对流传热系数与雷诺数的关系。

② 由光滑管及波纹管实验数据，对比分析波纹管对传热的影响。

③ 由光滑管及扰流管实验数据，对比分析扰流管对传热的影响。

④ 分析管内、管外对流传热系数理论值与计算值的关系。

六、思考题

1. 分析影响管内、管外对流传热系数理论值与计算值大小的因素。
2. 实验中对流传热系数的计算方法所基于的对流传热机制是什么?
3. 除了以上对流传热计算方法，还有哪些不同形式的对流传热系数计算方法?
4. 本实验中管壁温度应接近蒸汽温度还是空气温度，为什么?

实验十　精馏实验

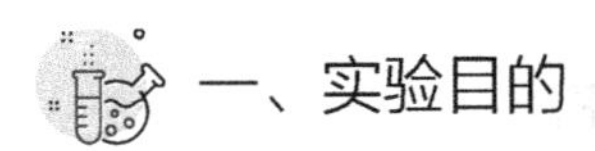

一、实验目的

1. 了解精馏塔的结构和精馏装置的基本流程及操作方法。
2. 理解回流比等对精馏塔性能的影响，并掌握实际精馏塔的开工操作。
3. 学会识别精馏塔内出现的几种操作状态，并分析这些操作状态对塔性能的影响。
4. 测定全回流或部分回流操作下的总板效率。

二、实验原理

精馏是利用混合物中组分间挥发度的不同来分离组分，经多次平衡分离的蒸馏过程。由于精馏单元操作流程简单、设备制作容易、操作稳定易于控制，其设计理论较为完善与成熟，从而其在化工企业中，尤其在石油化工、有机化工、煤化工、精细化工、生物化工等企业中被广泛采用。常见的精馏单元过程由精馏塔、冷凝器、再沸器、加料系统、回流系统、产品贮槽、料液贮槽及测量仪表等组成。精馏塔本身又分为板式精馏塔和填料精馏塔。本次实验所用装置为不锈钢制作的板式精馏塔，可进行连续或间歇精馏操作，回流比可任意调节，也可以进行全回流操作。

在板式精馏塔中，混合液的蒸气逐板上升，回流液逐板下降，气液两相在塔板上接触，实现传质、传热过程而达到分离的目的。如果在每层塔板上，上升的蒸气与下降的液体处于平衡状态，则该塔板称为理论塔板。然而在实际操作过程中，由于接触时间有限，气液两相不可能达到平衡，即实际塔板的分离效果达不到一块理论塔板的作用。因此，完成一定的分离任务，精馏塔所需的实际塔板数总是比理论塔板数多。

对于双组分混合液的蒸馏，若已知气液平衡数据，测得塔顶馏出液组成 X_d、釜残液组成 X_w、液料组成 X_f 及回流比 R 和进料状态，就可用图解法在 $Y \sim X$ 图上，或用其他方法求出理论塔板数 N_t。精馏塔的全塔效率 E_t 为理论塔板数 N_t 与实际塔板数 N 之比，即:

$$E_t = N_t / N \tag{3-66}$$

影响塔板效率的因素很多，大致可归结为：流体的物理性质（如黏度、密度、相对挥发度和表面张力等）、塔板结构以及塔的操作条件等。由于影响塔板效率的因素相当复杂，目前塔板效率仍以实验测定给出。

精馏塔的单板效率 E_m 可以通过测定塔板气相（或液相）的浓度变化进行计算。

若以液相浓度变化计算，则为：

$$E_{ml}=(X_{n-1}-X_n)/(X_{n-1}-X_n^*) \tag{3-67}$$

若以气相浓度变化计算，则为：

$$E_{mv}=(Y_n-Y_{n+1})/(Y_n^*-Y_{n-1}) \tag{3-68}$$

式中 X_{n-1} ——第 $n-1$ 块板下降的液体组成，摩尔分率；

X_n——第 n 块板下降的液体组成，摩尔分率；

X_n^*——第 n 块板上与上升蒸气 Y_n 相平衡的液相组成，摩尔分率；

Y_{n+1}——第 $n+1$ 块板上升蒸气组成，摩尔分率；

Y_n——第 n 块板上升蒸气组成，摩尔分率；

Y_n^*——第 n 块板上与下降液体 X_n 相平衡的气相组成，摩尔分率。

在实验过程中，只要测得相邻两块板的液相（或气相）组成，依据相平衡关系，按上述两式即可求得单板效率 E_m。

三、实验装置

实验装置示意图如图 3-12 所示。

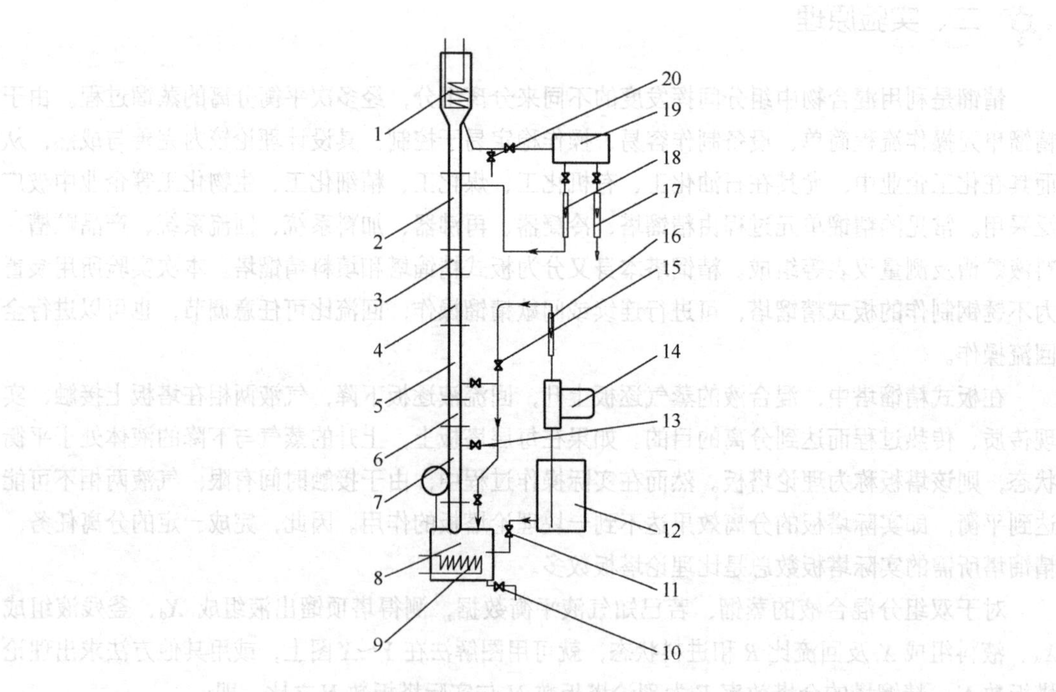

1—冷凝器；2、4、5、7—塔接；3、6—玻璃塔接；8—再沸器；9—电加热管；10—取样阀；11—加料阀；12—料液槽；13、15—料液阀；14—微型泵；16—加料流量计；17—产品流量计；18—回流流量计；19—馏出液槽；20—取样阀

图 3-12 精馏塔实验装置示意图

相关设备参数如下。

① 精馏塔。本装置精馏塔体和塔板均采用不锈钢制作，塔径为ϕ50mm，塔板数13块，板间距100mm，孔径为2mm，开孔率为6%。为便于实验时观察操作工况，特设置了两节玻璃塔节。精馏塔设置了两处进料口，同时在再沸器上也设置了进料口，以便于开车时直接向再沸器加料。本精馏塔的回流比通过回流控制阀和馏出液控制阀可以任意调节。

② 冷凝器。精馏塔冷凝器壳体采用不锈钢制作，换热管采用传热效率较高的铜管制作。管径为ϕ12mm×1mm，换热面积为 0.0568m^2，冷凝器下部与精馏塔体直接相连以减少热损失。冷凝液储存在馏出液槽中，一部分通过回流控制阀和转子流量计计量后再返回精馏塔顶板。另一部分则通过馏出液控制阀和转子流量计计量后送至产品槽。

③ 再沸器。精馏塔再沸器直接置于精馏塔下部，采用不锈钢制作，内置电加热管加热。总加热功率为2000W，分两组，各1000W，采用自动无级控制，承担精馏塔的温度控制调节，以确保控温精度。

④ 料液泵。料液泵采用微型小流量离心管道泵，流量为0.4m^3/h，扬程为6m，输入功率为150W，允许汽蚀余量$(NPSH)_r$为2.3m。进行连续精馏实验时可通过加料出口阀、流量计向精馏塔加料。

⑤ 控制屏。装置的釜液加热温度的给定和调节，加料量的调节，回流比的调节，离心泵出口流量的调节以及塔釜、塔顶、料液温度的显示，加料量、产品量、回流量和离心泵出口流量的显示，均集中在控制屏。精馏塔的料液槽、产品槽以及料液泵也集中设置在控制屏内部（下部）。控制屏的后门可以打开，以便加料及维修。

⑥ 玻璃塔节。为便于实验时观察塔内的操作工况，本装置特别设置了两节玻璃塔节。为防止泄漏，玻璃塔节和两端法兰采用密封连接。在使用过程中，应尽量不拆开玻璃塔节。

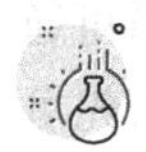

四、实验操作步骤与注意事项

1. 精馏塔的正常与稳定操作

精馏塔从开车到正常稳定操作是一个从不稳定到稳定、不正常到正常的渐进过程。因为刚开车时，塔板上均没有液体，蒸气可直接穿过干板到达冷凝器，被冷凝成液体后再返回塔内第一块塔板，并与上升的蒸气接触。而后，逐板溢流至塔釜。因为首先返回塔釜的液体经过的板数最多，从而经过的气液平衡次数也最多，显然首先到达最底下一块塔板的液体其轻组分的含量必然是最高的。而第一块塔板上的液体中轻组分的含量反而会比它下面的塔板上的液体中轻组分的含量低一些，这就是“逆行分馏”现象。从“逆行分馏”到正常精馏，需要较长的转换时间。对实验室的精馏装置，这一转换时间至少需30min。而对于实际生产装置，转换时间有可能超过2h。所以精馏塔从开车到稳定、正常操作的时间也必须保证在30min以上。判断精馏塔是否已经进入正常、稳定操作状态，必须经过采样分析才知道。如果在同一采样点连续三次采样分析（至少两次，间隔10min以上）的结果均相近（不超过1%），则可认为已进入正常、稳定操作状态。

2. 维持精馏塔正常稳定操作的条件

(1) 根据给定的工艺要求严格维持物料平衡

若总物料不平衡，进料量大于出料量，会引起淹塔；反之，若出料量大于进料量则会导致塔釜干料。从精馏的组分衡算方程：$FX_{fi}=DX_{di}+WX_{wi}$，可以导出：$D/F=(X_{fi}-X_{wi})/(X_{di}-X_{wi})$；$W/F=1-D/F$。两式说明，在 F、X_{fi}、X_{di}、X_{wi} 一定的情况下，还应严格保证馏出液 D 和釜液 W 的采出率满足组分衡算的要求。如果采出率 D/F 过大，即使精馏塔有足够的分离能力，在塔顶仍不能取得合格的产品。

（2）根据设计要求，严格控制回流量

在塔板数一定的情况下，对于精馏操作，必须有足够的回流比，才能保证足够的分离能力以取得符合工艺要求的产品。要取得合格的产品，必须严格控制回流量（$L=R/D$）以保证足够的回流比。

（3）严格控制精馏塔内气液两相负荷量，避免发生不正常的操作现象

漏液、雾沫夹带与液泛是精馏塔常见的非正常操作现象。板式塔的正常操作工况有三种，即鼓泡工况、泡沫工况和喷射工况。大多数精馏塔均在前两种工况下操作。因此，正常操作时，板上的液层高度应控制在板间距的 1/4 以内，最多不超过 1/3，否则会影响塔板的分离效率，严重时会导致干板或淹塔，使塔无法正常操作。操作时，塔内的两相负荷量可以通过调节塔釜的加热负荷与塔顶的冷却水量来控制。

（4）严格控制塔压降

塔板压降可以反映塔内的流体力学状况，根据塔釜压力表的变化可以及时调整塔的加热负荷与冷却水量，以控制塔的稳定正常操作。在实际生产中，塔板压降还可以反映塔板的结构变化（如结垢、堵塞、腐蚀等），尽早了解，以便及时处理。

（5）严格控制灵敏板温度

灵敏板是指温度随组成变化最大的塔板。精馏操作因为物料不平衡和分离能力不够所造成的产品不合格现象，可早期通过灵敏板温度的变化来预测，然后采取相应的措施以保证产品的合格率。塔釜加热量的大小，可直接反映在灵敏板温度上，所以严格控制灵敏板的温度是保证精馏过程稳定操作的有效措施。灵敏板的温度是通过塔釜的加热量来控制的，塔釜加热量可通过调压器改变塔釜电加热器输入电压的大小来调节。在实验操作时，在初始开车阶段，首先可将控制屏上的“加热”开关打开，待相应的绿色指示灯亮后，将“温度控制”调整器的电源开关拨至“ON”，再将“手动-自动”开关拨至“手动”，将功率控制在 1.5kW 左右，打开冷却水，随时观察灵敏板的温度变化；待塔板上开始鼓泡后，即逐步降低功率，同时通过玻璃塔节随时观察塔板上泡沫层的高度变化，严格控制在板间距的 1/4～1/3 之内，正常操作时应控制在 1～2kW 之间。一般情况下，塔板上液层（泡沫层）的变化，会滞后于塔釜的温度变化 2～3min，操作人员发现塔板上液层（泡沫层）上涨或下降，必须立即采取措施，以防止发生严重雾沫夹带、液泛、淹塔和漏液、干板等不正常的操作现象，确保精馏过程的正常稳定操作。待操作状态基本稳定之后，同时将“设定温度”设定为稳定操作状态下的灵敏板温度，再将“温度控制”调整器的“手动-自动”开关拨至“自动”，此时温度调节器可根据预先设定的温度自动调节塔釜的加热温度。当环境温度较高时应手动调小电位器开关，防止电加热功率过大（热惯性过大），温度难以稳定，以确保精馏塔能在有效控制状态下稳定操作。

3. 产品不合格时的调节方法

（1）由物料不平衡而引起的不正常现象及调节

在操作过程中，要求维持总物料的平衡是比较容易的，但要求保证组分的物料平衡则比较困难，因此精馏过程常常会处于物料的不平衡条件下进行。在正常情况下，对于精馏过程应有：

$DX_{di}=FX_{fi}-WX_{wi}$。如果在 $DX_{di}>FX_{fi}-WX_{wi}$ 情况下操作，显而易见，随着过程的进行塔内轻组分将大量流失，重组分逐步积累，致使操作日趋恶化。

表观现象是：塔釜温度合格，塔顶温度逐渐升高，塔顶产品不合格，严重时馏出液会减少。造成这一情况的直接原因是：①进料组成有变化，轻组分含量下降；②塔釜与塔顶产品的采出比例不当，即 $D/F>(X_{fi}-X_{wi})/(X_{di}-X_{wi})$。处理方法是：如果是原因②，可维持加热负荷不变，减少塔顶采出，加大塔釜采出量和进料量，使过程在 $DX_{di}< FX_{fi}-WX_{wi}$ 的情况下操作一段时间，待塔顶温度下降至规定值时，再调节操作参数使过程在 $DX_{di}=FX_{fi}-WX_{wi}$ 的状态下操作；如果是原因①，若进料组成的变化不大，调节方法同②。如果进料组成的变化较大，则需改变回流量或调整进料位置。

如果在 $DX_{di}< FX_{fi}-WX_{wi}$ 情况下操作，则恰与上述情况相反，其表观现象是：塔顶合格而塔釜温度下降，塔釜采出不合格。造成的直接原因是：①进料组成有变化，轻组分含量上升；②塔釜与塔顶产品的采出比例不当，即 $D/F<(X_{fi}-X_{wi})/(X_{di}-X_{wi})$。处理方法是：如果是原因②，可维持回流比不变，加大塔顶采出，同时应增加加热负荷，必要时还可适当减少进料量，使过程在 $DX_{di}>FX_{fi}-WX_{wi}$ 的情况下操作一段时间，待塔顶温度升高至规定值时，再调节操作参数使过程在 $DX_{di}=FX_{fi}-WX_{wi}$ 的状态下操作。如果是原因①，亦可按上述方法调节，必要时可调整进料板的位置。

（2）生产调节的变化引起的不正常操作的调节

人为因素或偶然因素导致进料量变化（可由进料的流量计看出）引起的不正常操作，可直接调节进料阀门的开度使之恢复正常。如果是生产需要有意改变进料量，则应以维持生产的连续稳定操作为目标进行调节，使过程仍然处于 $DX_{di}=FX_{fi}-WX_{wi}$ 的状况下进行。

（3）进料温度的变化引起的不正常操作的调节

进料温度的变化对精馏过程的分离效果有直接影响，因为它会直接影响塔内的上升蒸汽量，易使塔处于不稳定操作状况。严重时还会发生跑料现象。如果不及时调节，后果将会是严重的。发生此类情况，主要是通过调整加热负荷来解决。

（4）进料组成的变化引起的不正常操作的调节

进料组成的变化引起的不正常操作的调节方法同（1），但不如进料量的变化那样容易被发觉（要待分析进料组成时才可能知道）。当操作数据上有反映时，往往会滞后，因此如何能及时发觉并及时处理在精馏操作中经常遇到的问题，应引起高度重视。

4. 塔板效率

对于板式塔来讲，塔板效率是综合概括塔板上的气液接触状况和各种非理想流动对过程影响的重要参数。塔板效率又分为点效率、默弗里效率和总板效率。总板效率是板式塔分离性能的综合度量，它不仅与影响点效率、板效率的各种因素有关，而且还将板效率随组成而变化的特性也包括在内。

总板效率的测定可以其定义式为依据，即：

$$\eta=N_t/N \tag{3-69}$$

定义式中的理论塔板数 N_t 可由 $X\sim Y$ 图图解得到（必须注意：由 $X\sim Y$ 图图解获得的梯级总数已包含精馏塔的塔釜在内，减去 1 之后才是精馏塔的理论塔板数），实际塔板数 N 则可以直接从已有的实验装置取得（本实验装置为 13 块）。而图解获得 N_t 时，必须有正常、稳定操作状况下的馏出液与釜液的组成数据，以及相应的进料组成与热状态参数数据。

由 $X\sim Y$ 图的图解原理可知，精馏过程如果在全回流条件下操作，操作线就是对角线，此时只需要知道馏出液与釜液的组成 X_d、X_w，便可以进行图解。这样做可使实验过程更为简单。根据以上分析，就可以基本确定总板效率测定的实验步骤为：①按操作规程开车，在全回流条件下进入正常、稳定操作状态后，调整有关控制参数使精馏过程符合工艺要求，然后同时取样分析馏出液与釜液的组成；②数出精馏塔的实际塔板数 N；③由气液平衡数据绘制 $X\sim Y$ 图，由 X_d、X_w 图解理论塔板数 N_t；④由定义式 $\eta=N_t/N$，求取 η 值。

如果要测定不同组成时的总板效率，则还需改变料液的组成，多测几组数据。

5. 操作步骤

(1) 精馏塔总板效率测定（全回流）

① 打开冷却水阀和塔顶放空阀，从塔顶取样口放空塔顶冷凝器中残液，并检查馏出液槽的进口阀是否已经关闭（必须关闭）；

② 检查塔釜的液位是否在液位计的最上位置；

③ 打开电源及电加热器开关，并将电流调至最大（顺时针方向）；

④ 待从玻璃塔节处看到塔板已完全鼓泡后，将电流调回至 4～6A，以控制塔板上的泡沫层不超过塔节高度的 40%，防止过多的雾沫夹带；

⑤ 稳定操作 20～30min 后，可开始从塔顶、塔釜取样口同时取样分析；

⑥ 如果连续 2 次（时间间隔应在 10min 以上）分析结果的误差不超过 5%，即认为已达到实验要求；否则，需再次取样分析，直至达到要求；

⑦ 完成实验后，先关闭加热电源，待塔板上完全干板后再关闭冷却水阀。

(2) 精馏塔连续操作实验（部分回流）

① 打开冷却水阀和塔顶放空阀，从塔顶取样口放空塔顶冷凝器中残液；

② 检查塔釜的液位是否在液位计的最上位置；

③ 打开电源及电加热器开关，并将电流调至最大（顺时针方向）；

④ 待从玻璃塔节处看到塔板已完全鼓泡后，将电流调回至 4～6A，以控制塔板上的泡沫层不超过塔节高度的 40%，防止过多的雾沫夹带；

⑤ 稳定操作 20～30min 后，可开始从塔顶、塔釜取样口同时取样分析；

⑥ 如果连续 2 次（时间间隔应在 10min 以上）的分析结果的误差不超过 5%，即认为已达到开车要求；否则，需再次取样分析，直至达到要求；

⑦ 打开塔顶馏出液槽的进口阀和放空阀，开始控制开度小一些，以保证塔板上的操作稳定，操作 20～30min 后打开回流流量计阀门开始部分回流操作，并打开产品流量计阀门开始出料（控制回流比小一些，以确保产品含量达到 90% 以上）至产品瓶，同时还要启动进料泵（启动前注意先灌水、检查出口阀是否全关闭），再打开泵出口阀和上进料阀，控制流量稍大于产品流量，以确保物料平衡；

⑧ 精心稳定操作，每隔 20～30min 分析一次产品，以确保产品质量，并随时检查塔釜液位，若超过最高显示刻度，则应放出部分釜液（不得低于最低控制线）；

⑨ 待获得的合格产品量达到 500mL 以上，达到实验要求；

⑩ 完成实验后，先关闭加热电源，待塔板上完全干板后再关闭冷却水阀。

6. 注意事项

(1) 开车前应预先按工艺要求检查（或配制）料液。

（2）开车前，必须认真检查塔釜的液位，看是否有足够的料液（最低控制液位应在液位计的中间位置）。

（3）预热开始后，要及时开启冷却水阀和塔顶放空阀，利用上升蒸汽将不凝气排出塔外；当釜液加热至沸腾后，需严格控制加热量。

（4）开车时必须在全回流下操作，稳定后再转入部分回流，以减少开车时间。

（5）进入部分回流操作时，要预先选择好回流比和加料口位置。注意必须在全回流操作状况完全稳定以后，才能转入部分回流操作。

（6）操作中应保证物料的基本平衡，塔釜内的液面应维持基本不变。

（7）操作时必须严格注意塔釜压强和灵敏板温度的变化，在保证塔板正常鼓泡层的前提下，严格控制塔板上的泡沫层高度不超过板间距的1/3，并及时进行调节控制，以确保精馏过程的稳定正常操作。

（8）取样必须在稳定操作时才能进行，塔顶、塔釜最好能同时取样，取样量应以满足分析的需要为度，取样过多会影响塔内的稳定操作。分析用过的样液应倒回料液槽内。

（9）停车时，应先停进、出料，再停加热系统，过4～6min后再停冷却水，使塔内余气尽可能被完全冷凝下来。

（10）严格控制塔釜电加热器的输入功率，必须确保塔釜内的料液液面不低于最低控制线（塔釜加热管以上），以免烧坏电加热器，在投入自动控制后，还必须注意关闭加热开关，除非环境温度太低，使用一组电加热丝无法达到需要的控制温度，方可同时使用。

（11）开启转子流量计的控制阀时不要开得过猛，以免冲坏或顶死转子。

五、实验记录与数据处理

根据实验所得数据计算精馏塔在一定条件下的总板效率。

六、思考题

1. 在精馏操作过程中，回流温度发生波动，对操作有何影响?
2. 如何判断精馏塔的操作是否正常合理?

实验十一　填料塔吸收实验

一、实验目的

1. 了解填料吸收塔的结构和基本流程。
2. 熟悉填料吸收塔的操作。
3. 观察填料吸收塔的流体力学行为并测定在干、湿填料状态下填料层压降与空塔气速的关系。

4. 测定总传质系数 $K_y a$，并了解其影响因素。

二、实验原理

气体吸收是常见的传质过程，它是利用液体吸收剂选择性吸收气体混合物中某种组分，从而使该组分从混合气体中得以分离的一种操作。

对稳定的低浓度物理吸收过程，根据吸收过程的物料衡算及传质速率方程有：

$$V(Y_1-Y_2)=K'_y a\ \Omega Z\Delta Y_m \tag{3-70}$$

故

$$K'_y a=\frac{V(Y_1-Y_2)}{\Omega Z\Delta Y_m} \tag{3-71}$$

式中 V——通过吸收塔的惰性气体量即空气的摩尔流量，kmol/h；

Y_1、Y_2——气相入口、出口溶质物质的量比，即 kmol 溶质/kmol 惰性气体；

Ω——塔的有效吸收面积，即塔的截面积，m^2；

Z——填料层高度，m；

ΔY_m——对数平均推动力。

可见，通过测定操作过程吸收系统的 V、Y_1、Y_2、Ω、Z 及ΔY_m，即可计算出 $K'_y a$ 值。

(1) 空气流量 V 的测定

空气流量按下式计算即可：

$$Q_o^{air}=CQ^{air}\frac{T_o}{p_o}\sqrt{\frac{p}{T}\times\frac{p_1}{T_1}} \tag{3-72}$$

$$V=\frac{1}{22.4}Q_o^{air} \tag{3-73}$$

式中 T_o、p_o、Q_o^{air}——空气在标准状态下的温度、压力、流量，K、Pa、m^3/h；

T、p、Q^{air}——转子流量计在标定状态下空气的温度、压力、流量，K、Pa、m^3/h；

T_1、p_1——空气进入转子流量计前的温度、压力，K、Pa；

C——转子流量计系数，本实验为 1.00；

V——空气的摩尔流量，kmol/h。

(2) 溶质（气体）入塔浓度 Y_1 的测定

$$Y_1=\frac{p_{丙酮}}{p_{air}}\ \text{或}\ Y_1=\frac{p_{丙酮}}{p_T-p_{丙酮}}\ \text{kmol丙酮/kmol空气}$$

式中 p_T——入塔前混合气体总压，本装置可设定在 0.02MPa（表压）左右，Pa；

$p_{丙酮}$——入塔温度 t 下丙酮分压，可近似认为丙酮在 t 温度下达到饱和，其饱和蒸气压服从 Antoine 方程：$\ln p_{丙酮}=A-B/(C+t)$，式中 $p_{丙酮}$、t 的单位分别为 mmHg、℃，常数 A、B、C 分别为 16.6513、2940.46、237.22。

此外，亦可由气相色谱法进行定量分析。

(3) 尾气出塔浓度 Y_2 的测定

Y_2 由气相色谱仪测定。

Y_2吸收剂出口溶质浓度 X_1

$$X_1=\frac{V\left(Y_1-Y_2\right)}{L}+X_2\ \text{kmol溶质/kmolH}_2\text{O} \tag{3-74}$$

式中 L——吸收剂（清水）用量，kmol/h；

X_2——吸收剂（清水）中溶质浓度（单位同前），本实验中 X_2=0。

（4）平衡常数 m、平衡浓度 Y^*、对数平均推动力 ΔY_m 的计算

$$Y^*=\frac{mX}{1+(1-m)X} \tag{3-75}$$

$$\Delta Y_m=\frac{\left(Y_1-Y_1^*\right)-\left(Y_2-Y_2^*\right)}{\ln\frac{\left(Y_1-Y_1^*\right)}{\left(Y_2-Y_2^*\right)}} \tag{3-76}$$

三、实验装置

实验装置示意图如图 3-13 所示。

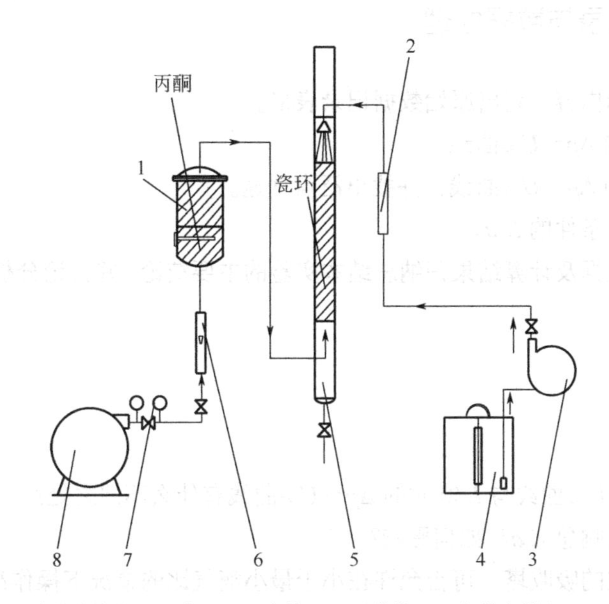

1—汽化器；2—液体流量计；3—液泵；4—水槽；5—吸收塔；6—气体流量计；7—减压阀；8—空压机

图 3-13　填料塔吸收实验装置示意图

四、实验操作步骤与注意事项

1. 检查水槽液位是否足够，需要时应向水槽加水。
2. 检查汽化器内液位是否在要求的范围内，必要时应向汽化器加丙酮。
3. 启动空气压缩机（简称空压机），待空压机出口压力达到额定压力后（会自动停机），

缓慢打开气体流量计阀门进气，进口压力控制在 0.006MPa，流量控制在 0.04～0.08m^3/h 之间。

4. 灌泵后打开电源开关，启动泵。

5. 在 L=0 及 L 为某一定值时，改变 V，分别测定在两种情况下的填料层压降Δp 与空塔气速 $U_{空}$的关系数据。注意观察当 L 一定时，随着 V 的改变，填料塔内流体流动状态。若还未看见液泛现象则可同时加大 L。

6. 打开吸收塔的水进口阀进水，严格控制料液的流量在 35～45L/h 范围。

7. 打开丙酮加热开关，打开进气温度控制仪表，将进气温度设定为 50～55℃。

8. 待操作稳定以后，从塔顶、塔底取样口同时取样分析。

9. 增加气相流量，重复操作 7 以取得另外一组数据。

10. 如果分析结果证明，增加气相流量后，塔顶出口气相与塔底出口液相中溶质含量上升，说明实验结果基本合理，吸收实验则已完成。

11. 关闭进口液相的控制阀终止加料，关闭离心泵电源，关闭进气温度控制器停止加热，待塔内液相全部流完后，再关闭气相进口阀。

12. 遇紧急情况需直接切断电源，但断电后必须将所有的开关和阀都关上。

五、实验记录与数据处理

1. 按照相应实际内容，列出原始数据记录表格。

2. 作出 L=0 时的 Δp～$U_{空}$曲线。

3. 作出 $L\neq0$ 时的 Δp～$U_{空}$曲线，并找出泛点气速。

4. 计算不同操作条件的 K_ya。

5. 从以上实验数据及计算结果归纳总结本实验的主要结论，并讨论分析影响实验结果的主要因素。

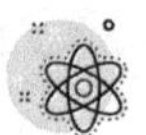

六、思考题

1. L=0 时，Δp～$U_{空}$曲线与 $L\neq0$ 时的 Δp～$U_{空}$曲线有什么不同之处?

2. 哪些因素会影响总 K_ya? 如何影响?

3. 对于一个既定的吸收塔，可否允许在小于最小液气比的情况下操作?

4. 填料吸收塔为什么必须有液封装置? 液封装置是如何设计的?

5. 在吸收塔中有哪些因素可以改动?

6. 本吸收过程是气膜控制还是液膜控制?

7. 当吸收塔排出的吸收液全部或部分循环使用，会对吸收操作有什么影响?

8. 吸收实验开始前为什么要测定干塔及一定喷淋量 L 下，填料层压降与空塔气速的关系? 对于 $L\neq0$ 时，填料层的压降Δp 主要来源于哪几个方面?

9. 本实验所测定的为总吸收系数 K_ya，此时各分系数分别为多少?

10. 测定相平衡常数时，为何要测定吸收液温度而不测入塔气相温度?

实验十二　振动筛板萃取实验

一、实验目的

1. 了解振动筛板萃取实验装置的构造和应用。
2. 掌握测定萃取效率的方法。
3. 掌握振动频率与萃取效率的相互关系。

二、实验原理

萃取是分离液体混合物的一种常用操作。它的工作原理是在待分离的混合液中加入与之不互溶（或部分互溶）的萃取剂，形成共存的两个液相。利用原溶剂与萃取剂对各组分的溶解度的差别，使原溶液得到分离。

三、实验装置

实验装置示意图如图 3-14 所示。

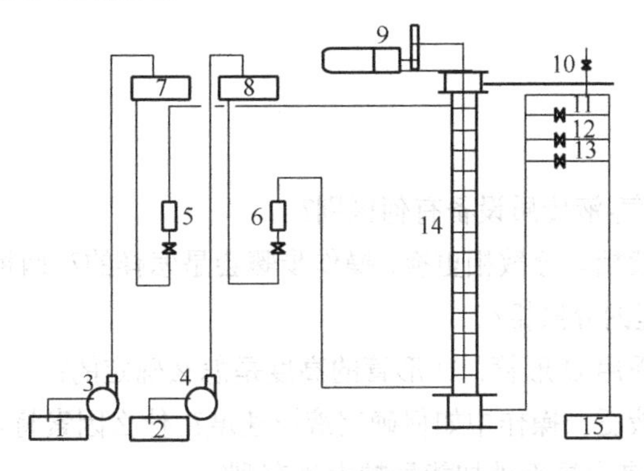

1—低位重相槽；2—低位轻相槽；3—重相泵；4—轻相泵；5—重相流量计；6—轻相流量计；7—高位重相槽；8—高位轻相槽；9—振动电机；10—排气阀；11、12、13—界面调节阀；14—萃取塔；15—重相出口槽

图 3-14　振动筛板萃取实验装置示意图

四、实验操作步骤与注意事项

1. 打开电源开关，再按泵的启动步骤启动连续相泵和分散相泵，将连续相和分散相分别送至高位水槽，但要注意其液位计的显示，达到液位计的最上部时应停泵，以免溢出。

2. 利用重力，打开连续相进料阀，等到塔中灌满连续相——水后（并不是将重相灌满整个塔，要留一定空间分层用），注意放空阀要关闭以免连续相灌不满萃取塔，打开振动电机开关，振动机构开始振动。

3. 再打开分散相阀，使两相充分混合。

4. 待分散相在塔顶凝聚一定厚度的液层后，通过连续相出口 U 形管上的界面调节阀，调节两相的界面于一定的高度。

5. 取萃余相并对其浓度进行测定。

6. 改变振动频率，测取不同振动频率下萃取的效率（传质单元高度）。注意当电机在线动作时不能对其速度和时间进行调整，只能等此次运行结束后再进行设定；每次运行完毕之后会有嘶嘶的声音，还须按一次停止才能算停止。对其转速或时间进行调整，且幅度较大，那么显示的数值在开始时将会有闪动，等待几秒钟数值显示稳定之后再按运行键，进行振动。

7. 在最佳效率或转速下，增加两相流量，测定本实验装置的最大通量或液泛速度。此时可观察到分散相不断合并，最终导致转相，并在塔顶（或塔底）出现第二界面。

8. 实验完毕，将实验数据交给实验老师检查，先关闭分散相泵停止进料，再关闭连续相泵。将塔底的排污阀打开把塔内的水排尽。打扫好卫生，离开实验室。

9. 注意每使用一段时间后都必须对各水箱进行排污清洗，以免堵塞管道。此外，实验完毕后用自来水将所有管道进行清洗。

五、实验记录与数据处理

测定相应实验条件下的萃取效率。

六、思考题

1. 液-液萃取设备与气-液传质设备有何区别？

2. 假若本实验的连续相与分散相更换，操作步骤会是怎样的？两相分离段应设在塔顶还是塔底？如何选择萃取过程的分散相？

3. 重相出口为什么采用 U 形管，U 形管的高度是怎么确定的？

4. 什么是萃取塔的液泛，操作中如何确定液泛速度？什么因素将可能导致液泛？

5. 对液-液萃取过程来说是否外加能量越大越有利？

6. 萃取过程中所加入的外加能量（机械能）主要用途是什么？

7. 分散相液滴的大小，主要取决于什么因素？

8. 完全不互溶的物系萃取，在计算上与其他传质过程（吸收、精馏）有何相似之处？

实验十三　干燥实验

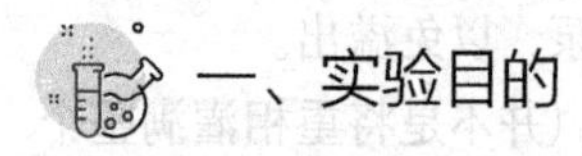

一、实验目的

1. 了解常压干燥设备的基本流程和工作原理。

2. 了解测定干燥速率曲线的意义，掌握物料干燥速率曲线的测定方法。

3. 测定物料在恒定干燥条件下的干燥速率曲线及传质系数 K_H。

二、实验原理

干燥操作是采用某种方式将热量传给湿物料，使湿物料中的水分汽化分离的操作。干燥操作同时伴有传热和传质，过程比较复杂，目前仍靠实验测定物料的干燥速率曲线，并作为干燥器设计的依据。

干燥过程分三个阶段，如图 3-15 所示，预热阶段（Ⅰ），在此阶段物料被预热，直到物料表面的温度接近于热空气湿球温度 t_w；在随后的第Ⅱ阶段中，物料表面温度维持 t_w 不变，水分向空气中汽化，干燥速率不变；在第Ⅲ阶段中，物料表面已无液态水存在，由于物料内部的扩散速率小于物料表面水分的汽化速率，则物料表面变干，温度升高，因而干燥速率降低，直至达到平衡含水量为止。Ⅱ和Ⅲ交点处物料的含水量称为临界含水量（以 X 表示）。

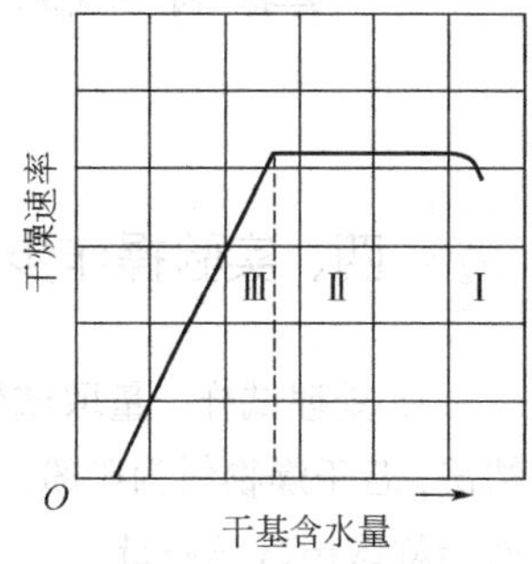

图 3-15　干燥速率曲线

干燥速率是指单位时间、单位干燥面积上所汽化的水分量，可表示为：

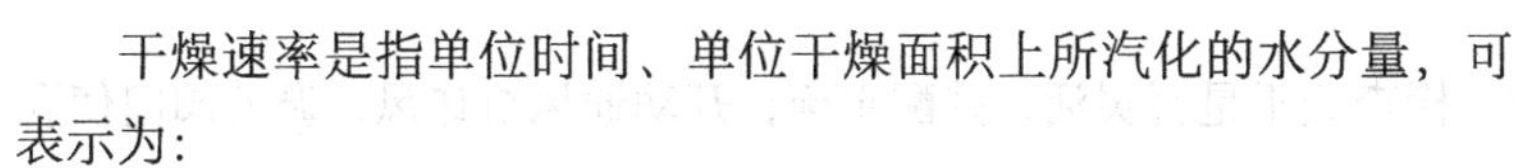

$$U = \frac{dW}{Ad\tau} \tag{3-77}$$

式中　U——干燥速率，kg/（$m^2 \cdot s$）；

A——被干燥物料汽化表面积，m^2；

τ——干燥时间，s；

W——从干燥物料中汽化的水分量，kg。

为了便于处理实验数据，上式可改写为：

$$U = \frac{\Delta W}{A\Delta\tau} \tag{3-78}$$

由干燥速率对物料的干基含水量进行标绘，即可得到干燥速率曲线。

三、实验装置

干燥实验多采用箱式干燥器装置，在恒定干燥条件下干燥块状物料。其流程如图 3-16 所示。

空气由通风机 1 送入，经孔板流量计 6，电加热器 5、4，入干燥箱 3，然后返回风机，循环使用。电加热器由晶体管继电器控制，使空气温度恒定。干燥室前方，装有干、湿球温度计，干燥室后也装有玻璃温度计，用以测量干燥室内的空气状况。空气流量由蝶阀 2 调节，任何时候此阀都不能全关，否则电加热器会因过热而损坏。空气进口端的片式阀 8，控制系统吸入的空气量，出口端的片式阀 9 用以调节系统向外排出的废气量。

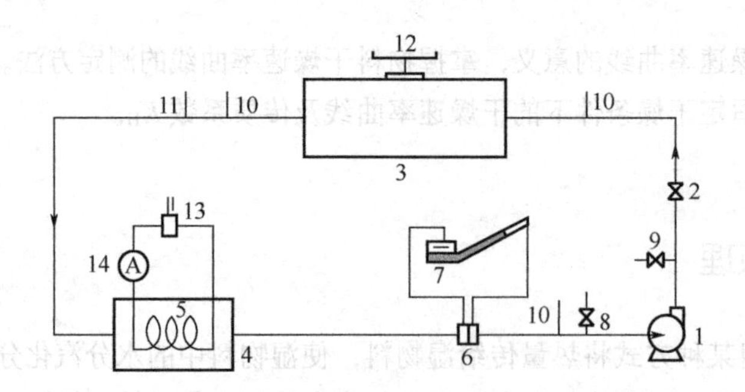

1—通风机；2—蝶阀；3—干燥箱；4—电加热器；5—电热装置；6—孔板流量计；7—斜管压差计；8—进气阀（片式阀）；9—排气阀（片式阀）；10—温度计 ；11—湿球温度计；12—天平；13—电热控制器；14—电流表

图 3-16　干燥装置示意图

四、实验操作步骤

1. 处理试样。量取试样尺寸，并记录绝干物料质量。向试样加适量水（视试样大小和吸水情况，若干燥物料为矿粉，水分添加量为绝干质量的 40%左右），让水分均匀扩散至整个试样，然后称取湿试样质量。

2. 往湿球温度计内加水，检查天平是否灵活，并配平衡；开动通风机送风，调节阀门使孔板压差计示值 R' 在 30mm 以上。

3. 调节热空气状况，恒定干燥条件。接通加热器组合开关，加热。电加热器由电功率为 1kW 的热源件组成，一组由热电阻温度计通过晶体管继电器控制，另一组通过组合开关手动控制。起动时两组都供电，待达到预定温度时酌情关闭一组，控制恰当时，晶体管继电器时合时关。

4. 测取数据。待干燥条件恒定后，将湿物料放入器内的支架上，加砝码使天平接近平衡，但砝码应稍轻，水分汽化至天平指针平衡时启动第一秒表计时，同时记录试样的质量。然后，减去 2g 砝码，待水分再干燥至天平指针于平衡位置时，停第一个秒表，同时启动第二个秒表。以后再减等量砝码，如此往复进行，直至试样接近平衡水分为止。通常至少应取十组数据。若为电子天平，不需配平和减少砝码等操作。

五、实验记录与数据处理

实验数据记录如下表 3-25 所示。

记录如下基本数据：

试样名称：；试样绝干质量 G：　g；试样尺寸：　；试样初始质量：　g；干燥室前干球温度：　℃；干燥室前湿球温度：　℃；干燥室后干球温度：　℃；斜管压差计倾斜度：　；液位差读数：　mm。

表 3-25　实验数据记录表

序号	试样质量/g	间隔时间/s	干基含水量 X/kg
0		0	
1			

续表

序号	试样质量/g	间隔时间/s	干基含水量 X/kg
2			
3			
4			
5			
6			
7			
8			
9			

数据处理如下：

1. 干燥速率曲线

干燥速率由基本原理公式计算。而湿物料质量差可由相邻两次质量差得到，即：

$$\Delta W = G_{si} - G_{s(i-1)} \tag{3-79}$$

因为此处所得的干燥速率 U 是在 $\Delta\tau$ 时间间隔的平均干燥速率，所以与之对应的物料干基含水量应为 X_m，X_m 可按下式计算：

$$X_m = \frac{X_i + X_{i+1}}{2} \tag{3-80}$$

而式中：

$$X_i = \frac{G_{si} - G_c}{2} \tag{3-81}$$

其中 G_c 为绝干物料的质量，kg。

干燥速率曲线数据处理如下表 3-26 所示。

表 3-26　数据处理表

序号	相邻两次质量差 ΔW/g	时间间隔/s	平均干基含水量 X_m/kg	平均干燥速率 U/[kg/(m²·s)]

在直角坐标纸上描出 $U \sim X_m$ 曲线。

2. 传质系数

因干燥过程既是传热过程也是一个传质过程，则干燥速率可表示为：

$$\frac{dW}{Ad\tau} = \frac{dQ}{r_w Ad\tau} = K_H(H_w - H) = \frac{a}{r_w}(t - t_w) \tag{3-82}$$

式中　a——空气湿物料表面的对流传热系数，kW/（m²·℃）；

t——空气温度，℃；

t_w——湿物料表面的温度（即空气的湿球温度），℃；

r_w——t_w 时水的汽化潜热，kJ/kg；

K_H——传质系数，kg/（$m^2 \cdot s \cdot \Delta x$）；

H——空气的湿度，kg 水／kg 干空气；

H_w——湿空气的饱和湿度，kg 水／kg 干空气；

Q——汽化的水分量，kg。

因在恒定干燥条件下，空气的湿度、温度、流速以及与物料接触方式均保持不变，故随空气条件而定的 a 和 K_H 亦保持恒定值，所以 K_H 值可由上式计算。其中 a 值可按下式求取：

$$a = 0.0143L^{0.8} \tag{3-83}$$

其中 $L = V_S / F$（对于静止物料，空气流动方向平行于物料表面时，$L = 0.8$）

式中 L——空气的质量流速，kg/（$m^2 \cdot s$）；

V_S——流经孔板的空气体积流量，m^3/s，按孔板流量计的公式计算；

F——干燥室的流通截面积，m^2。

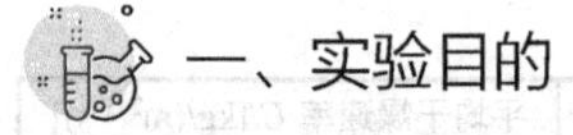

六、思考题

1. 如何提高干燥速率？就两个阶段分别说明理由。
2. 等速阶段和降速阶段分别除去的是什么性质的水分？
3. 控制等速干燥阶段速率的因素是什么？

实验十四　膜分离实验

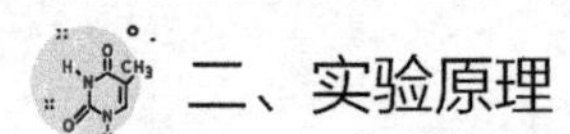

一、实验目的

1. 掌握膜分离效率的测定。
2. 了解溶质渗透速率的测定。
3. 熟悉膜阻渗透率的测定。

二、实验原理

超滤与反渗透一样依靠压力推动和半透膜实现分离。两种方法的区别在于超滤受渗透压的影响较小，能在低压力下操作（一般 0.1～0.5MPa），而反渗透的操作压力为 2～10MPa。超滤适用于分离分子量大于 500、直径为 0.005～10μm 的大分子和胶体，如细菌、病毒、淀粉、树胶、蛋白质、黏土和油漆等，这类液体在中等浓度时，渗透压很小。

超滤过程在本质上是一种筛滤过程，膜表面的孔隙大小是主要的控制因素，溶质能否被膜孔截留取决于溶质粒子的大小、形状、柔韧性以及操作条件等，而与膜的化学性质关系不大。因此可以用微孔模型来分析超滤的传质过程。

微孔模型将膜孔隙看作垂直于膜表面的圆柱体来处理，水在孔隙中的流动可看作层流，其通量与压力差Δp成正比并与膜的阻力Γ_m成反比。

三、实验装置

实验装置示意图如图 3-17 所示。

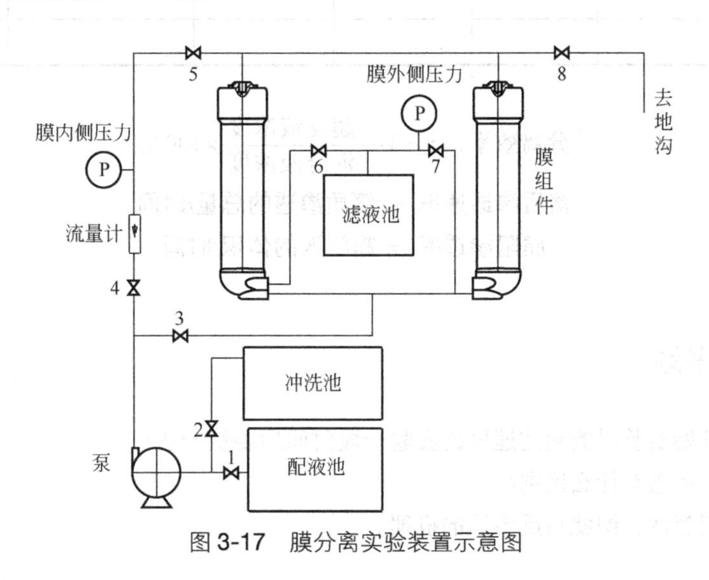

图 3-17　膜分离实验装置示意图

四、实验操作步骤与注意事项

1. 了解整个实验的流程，对各个设备及阀门有一定的了解。然后配制混合液（可以为污水、淀粉悬浮液、皂化液等）。需注意所配混合液浓度不应过浓，否则会影响膜的使用寿命。

2. 灌泵，先打开电源开关，然后再打开泵开关，实验开始进行。在开始实验时除阀 1 外其他各阀均为关闭，启动泵后再打开阀 4（即流量计上带有的针形阀至一定开度）、阀 5、阀 6 和阀 7。同时用秒表记录下超滤所用的时间、膜内外两侧的压力数值（因出口压力很小，故当超滤的工作压力很小时便可近似为零）以及滤液池中的滤液量。

3. 分别在滤液池和混合液池内取样，并用分光光度计对其浓度等进行分析。

4. 进行一次实验之后，或者是超滤的速度非常慢时，需对膜组件进行冲洗。即把超滤时打开的阀全都关好，再逐一打开阀 2、阀 3、阀 8。冲洗的水可直接排入地沟。实验老师应准备胶管或一容器将其及时转移走，避免造成地面溢水。

5. 反冲洗前最好先用冲洗水流经一次膜组件，带走输送管道中积留的杂质，避免其影响超滤的效果和缩短膜的使用寿命。意外情况下有杂质进入，可以拆下膜组件的外壳，对其直接清洗，但要注意一般情况下不要进行此操作。

6. 对于分光光度计的使用请认真阅读其说明书，按要求操作。

五、实验记录与数据处理

实验数据记录如下表 3-27 所示。

表 3-27 实验数据记录

序号	流量/(L/h)	内侧压力/Pa	外侧压力/Pa	超滤时间/min	计量桶读数/L	混合液浓度/(mg/L)	超滤液浓度/(mg/L)
1							
2							

$$\text{分离效率：}\eta = 1 - \frac{\text{超滤液浓度}}{\text{混合液浓度}} \times 100\%$$

$$\text{溶质渗透速率} = \text{溶质渗透的总量/时间}$$

$$\text{膜阻渗透率} = \text{超滤液的体积/时间}$$

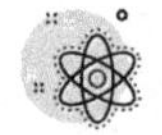

六、思考题

1. 为什么开始实验时的超滤速度比实验一段时间后要快一些?
2. 超滤与反渗透有什么区别?
3. 简要说明超滤、纳滤与反渗透的机理。

实验十五　吸收解吸实验

一、实验目的

1. 了解填料吸收塔的基本流程和设备结构。
2. 了解填料塔吸收塔的流体力学性能。
3. 掌握填料吸收塔传质能力与传质效率的测定方法。
4. 了解气速和喷淋密度对总传质系数的影响。

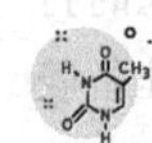

二、实验原理

1. 吸收实验

根据传质速率方程，在假定 K_xa 为常数、等温、低吸收率（或低浓、难溶等）条件下，推导得出吸收速率方程:

$$G_a = K_x a V \Delta x_m \tag{3-84}$$

则：

$$K_x a = \frac{G_a}{V\Delta x_m} \tag{3-85}$$

式中　$K_x a$——CO_2体积传质系数，kmol/（m^3·h）；

G_a——填料塔的CO_2吸收量，kmol/h；

V——填料层的体积，m^3；

Δx_m——填料塔的平均推动力。

（1）G_a的计算。由质量流量计可测得水流量V_S（m^3/h）、空气流量V_B（m^3/h）（显示为0℃、101.325 kPa标准状态下的流量），y_1、y_2可由CO_2分析仪直接读出。

标准状态下ρ_0= 1.293g/cm³，可计算出L_S、G_B。

$$L_S = \frac{V_S \rho_{水}}{M_{水}} \tag{3-86}$$

$$G_B = \frac{V_B \rho_0}{M_{空气}} \tag{3-87}$$

又由全塔物料衡算：

$$G_a = L_S(X_1 - X_2) = G_B(Y_1 - Y_2) \tag{3-88}$$

$$Y_1 = \frac{y_1}{1-y_1}, \quad Y_2 = \frac{y_2}{1-y_2} \tag{3-89}$$

认为吸收剂自来水中不含CO_2，则X_2=0，则可计算出G_a和X_1。吸收流程见图3-18。

（2）Δx_m的计算。根据测出的水温可插值求出亨利常数E（atm），本实验为p=1atm，则$m = E/p$。

$$\Delta x_m = \frac{\Delta x_2 - \Delta x_1}{\ln\dfrac{\Delta x_2}{\Delta x_1}} = \frac{(x_{e2}-x_2)-(x_{e1}-x_1)}{\ln\dfrac{x_{e2}-x_2}{x_{e1}-x_1}} \tag{3-90}$$

其中，$x_{e1} = \frac{y_1}{m}$，$x_{e2} = \frac{y_2}{m}$。

不同温度下CO_2-H_2O的亨利常数如表3-28所示。

表3-28　不同温度下CO_2-H_2O的亨利常数

温度t/℃	5	10	15	20	25	30
E（大气压）/kPa	877	1040	1220	1420	1640	1860

2. 解吸实验

根据传质速率方程，在假定$K_Y a$为常数、等温、低解吸率（或低浓、难溶等）条件下推导得出解吸速率方程：

$$G_a = K_Y a V \Delta Y_m \tag{3-91}$$

则：

$$K_Y a = \frac{G_a}{V\Delta Y_m} \tag{3-92}$$

式中　$K_Y a$——CO_2体积解吸系数，kmol/（m^3·h）；

G_a——填料塔的 CO_2 解吸量，kmol/h；

V——填料层的体积，m^3；

ΔY_m——填料塔的平均推动力。

(1) G_a 的计算。由流量计测得 V_S（m^3/h）、V_B（m^3/h），y_1、y_2 由二氧化碳分析仪直接读出。标准状态下 $\rho_0 = 1.293 g/cm^3$，可计算出 L_S、G_B。

$$L_S = \frac{V_S \rho_{水}}{M_{水}} \tag{3-93}$$

$$G_B = \frac{V_B \rho_0}{M_{空气}} \tag{3-94}$$

又由全塔物料衡算：

$$G_a = L_S(X_1 - X_2) = G_B(Y_1 - Y_2)$$

$$Y_1 = \frac{y_1}{1-y_1}, \quad Y_2 = \frac{y_2}{1-y_2} = 0$$

认为空气中不含 CO_2，则 $y_2 = 0$；又因为进塔液体中的 X_1 有两种情况，一是直接将吸收后的液体用于解吸，则其浓度即为前吸收计算出来的实际浓度 X_1；二是只做解吸实验，可将 CO_2 充分溶解在液体中，近似形成该温度下的饱和浓度，其 X_1^* 可由亨利定律求算出：

$$X_1^* = \frac{Y}{m} = \frac{1}{m} \tag{3-95}$$

则可计算出 G_a 和 X_2。解吸流程见图 3-19。

(2) ΔY_m 的计算。根据测出的水温可插值求出亨利常数 E（atm），本实验为 p=1atm，则 $m=E/p$。

$$\Delta Y_m = \frac{\Delta Y_2 - \Delta Y_1}{\ln \frac{\Delta Y_2}{\Delta Y_1}} = \frac{(Y_2 - Y_{e2}) - (Y_1 - Y_{e1})}{\ln \frac{Y_2 - Y_{e2}}{Y_1 - Y_{e1}}} \tag{3-96}$$

其中，$Y_{e1} = mX_1$，$Y_{e2} = mX_2$。

根据公式 $Y = \frac{y}{1-y}$，将 y_e 换算成 Y_e。

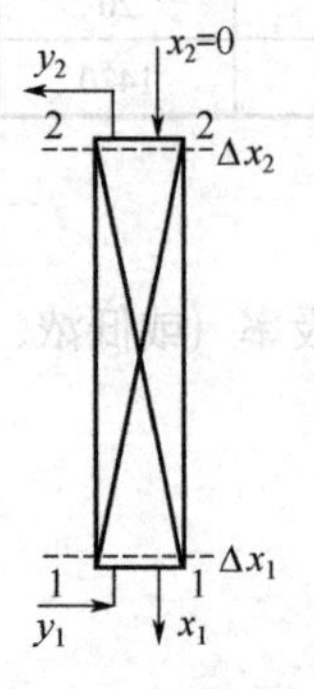

图 3-18 吸收流程图

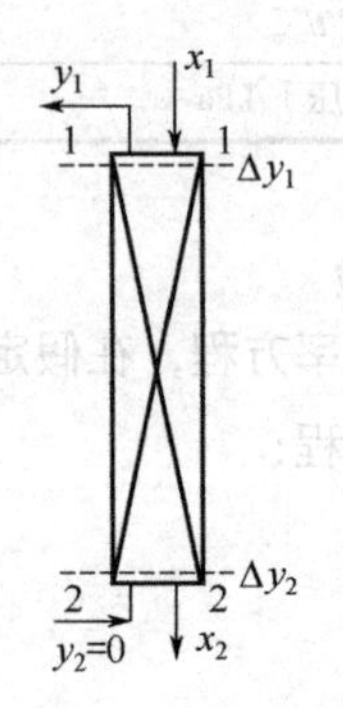

图 3-19 解吸流程图

三、实验装置

吸收解吸实验装置流程图见图 3-20。

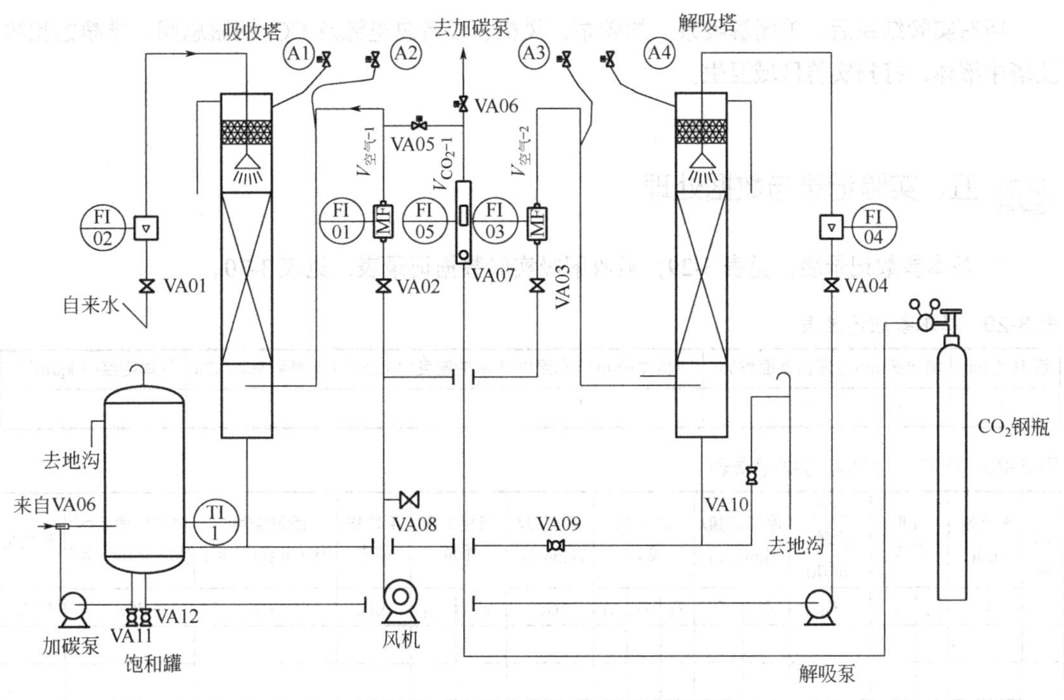

图 3-20　吸收解吸实验装置流程图

四、实验操作步骤

1. 实验前

首先检查设备水电是否正常，然后在风机旁路阀全开的状态下启动风机。

2. 操作

(1) 单吸收操作。全开吸收过程进气阀，调节风机旁路阀维持进气风量为 0.4～0.5 m^3/h，然后开启 CO_2 钢瓶总阀，微开减压阀，维持 CO_2 流量计读数为 1～2 L/min。稳定几分钟后，开启自来水流量调节阀，开始进行喷淋吸收，稳定 2min 后，打开吸收塔进气端和排气端电磁阀，在线分析吸收塔进、出气体中 CO_2 浓度。数据记录结束后，调节自来水流量，依次完成不同自来水流量下的吸收实验。

(2) 吸收解吸联合操作。在吸收过程操作条件不变的情况下，打开解吸塔塔底排水阀，启动解吸泵。调节解吸过程液体流量和气体流量与吸收过程对应参数相同。稳定一定时间后，分别打开吸收塔和解吸塔进气端和排气端电磁阀，在线分析吸收塔和解吸塔进、出气体中 CO_2 浓度。

(3) 单解吸操作。首先启动加碳泵，调节 CO_2 流量计读数为 2～3 L/min，实验过程中维持此流量不变。待饱和罐内的溶液饱和后（约 10min），关闭解吸塔放净阀，打开解吸塔与饱和罐连接阀门，然后启动解吸泵，调节解吸液流量维持在一定值。在风机旁路阀全开状态下启动风机，调节解吸塔气体流量为0.4～0.5 m³/h，稳定一定时间后，开启解吸塔进气端和排气端电磁阀，在线分析解吸塔进、出气体中CO_2浓度。

3. 实验后

所有实验结束后，关闭解吸泵、加碳泵、风机、设备总电源及CO_2钢瓶总阀，排净饱和罐及塔中液体，打扫实验区域卫生。

五、实验记录与数据处理

1. 基本参数记录表，见表3-29；吸收解吸实验数据记录表，见表3-30。

表3-29　基本参数记录表

塔内径/mm	填料高/mm	塔横截面积/m²	填料体积/m³	水温/℃	水的密度/（kg/m³）	亨利常数/kPa	气体密度/（kg/m³）
100	600						

表3-30　吸收解吸实验数据记录表

序号	水流量/(L/h)	气相组成		空气流量/(m³/h)	摩尔流量/(kmol/h)		物质的量比			吸收量/(kmol/h)	液相平衡组成		平均推动力	喷淋密度/[kmol/(m²·h)]	体积传质系数/[kmol/(m³·h)]	液气比
	V_s	y_1	y_2	V_B	L_s	G_B	Y_1	Y_2	X_1	G_a	x_{e1}	x_{e2}	ΔX_m	L'_s	K_xa	L'_s/G_B

2. 数据分析与讨论

① 分析不同吸收剂流量下，操作曲线的异同点。

② 分析体积传质系数与喷淋密度的关系。

③ 对比不同传质剂流量下的操作曲线，分析数据变化的原因。

六、思考题

1. 总结以上实验数据，分析如何提高吸收过程体积传质系数。
2. 从装置结构分析，塔底液封高度与哪些因素有关？工业生产中是如何处理的？
3. 吸收塔设计中还应该注意哪些因素？

实验十六　多功能干燥实验

一、实验目的

1. 掌握相对湿度和绝对湿度的概念及计算方法。

2. 掌握恒定干燥条件下干燥速率的计算方法及干燥曲线的特点。

3. 掌握影响干燥速率及物料干燥状态的因素。

4. 了解湿球温度测定方法。

二、实验原理

1. 喷雾干燥

喷雾干燥是利用喷雾器将溶液、膏状物或含有微粒的悬浮液等喷洒成雾状细滴分散于热气流中，使水分迅速汽化而达到干燥的目的。

本实验采用气流式喷雾器。气流式喷雾器采用压力为100～700 kPa的压缩空气压缩料液，以200～300 m/s的速度从喷嘴喷出，气、液两相间速度差所产生的摩擦力使料液分成雾滴。气流式喷雾器因其结构简单、制造容易，适用于任何黏度或较稀的悬浮液，常被用于实验室教学及科研中。喷雾室有塔式和箱式两种，以塔式应用最为广泛。物料和气流在干燥器中的流向分为并流、逆流和混合流三种。每种流向又可分为直线流动和螺旋流动。

本实验装置采用压缩空气压缩硫酸钾溶液，干净热空气为干燥介质。

2. 流化床干燥

固体干燥是一种非常重要的化工单元操作，在工业上，往往采用流化床干燥和厢式干燥对粉状颗粒物料进行干燥。其中，流化床干燥适用于处理粒径为30μm～6mm的粉粒状物料，这是因为粒径20～40μm时，气体通过分布板后易产生局部沟流；粒径4～8mm时，需要较高的气速，从而使流动阻力加大，磨损严重。本装置以湿硅胶颗粒为实验原料，干净热空气为干燥介质，测定固定床和流化床的流体力学性能。

物料含水量一般有两种表达方式：一是绝对干基湿含量X_t，指的是每千克绝干物料中水分的含量，这是一个实际值；二是相对干基湿含量（自由含水量）X，指的是在恒定干燥条件下能被带走的水分量，也称作自由含水量。两者的关系：$X=X_t-X^*$，X^*为平衡湿含量，指的是在恒定干燥条件下被干燥的极限。由于实际干燥介质的湿度不可能为0，所以$X<X_t$。

（1）绝对干基湿含量X_t的测定及对应的干燥曲线。在流化床干燥实验中，在恒定干燥条件下，定时（每次间隔2～5 min）从塔中取出一定量的物料样品（2～3g），将每个样品及时放入编号瓶中并盖紧密闭。称重后取下盖子及时放入烘箱内，在约110℃下烘1h。取出后及时盖紧，冷却后再称重。则物料样品的干基含水量（$kg_{水}/kg_{绝干物料}$）为：

$$X_t=\frac{W_{瓶+湿}-W_{瓶+干}}{W_{瓶+湿}-W_{瓶}} \tag{3-97}$$

将X_t对时间τ进行标绘，就得到如图3-21（a）所示的干燥曲线。

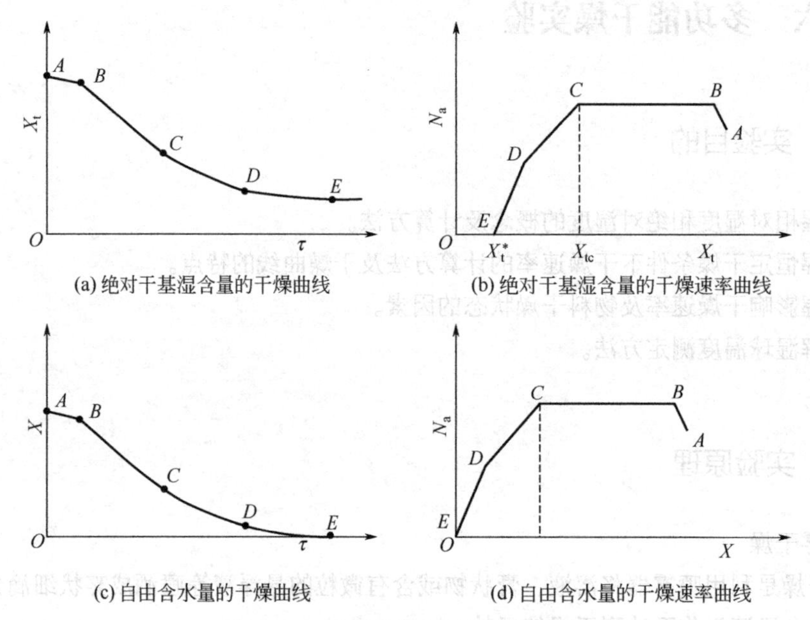

图 3-21　干燥曲线和干燥速率曲线

干燥曲线的形状由物料性质和干燥条件决定。

这种方法可以测出实际物料的含水量，并且可以在后续干燥速率曲线图［图 3-21（b）］上确定其临界含水量和平衡含水量，为工业实际操作或干燥设备设计提供必要的基础数据。但取样分析耗时较长过程烦琐，稍不细心将产生很大误差。

（2）自由含水量 X 的测定及对应的干燥曲线。流化阶段中的床层压降（Pa），可根据颗粒与流体间的摩擦力与其净重力平衡的关系得出：

$$\Delta p=\frac{m}{A\rho_p}\left(\rho_p-\rho\right)g \tag{3-98}$$

式中　m——床层颗粒的总质量，kg；

A——床层截面积，m^2；

ρ_p、ρ——分别为颗粒与流体的密度，kg/m^3。

而ρ_p远大于ρ，则式（3-98）可简化为：

$$\Delta p\cong\frac{m}{A}g \tag{3-99}$$

从式（3-99）可知，在实验过程中，A 和 g 是常数，则床层压降和床层内物料的重力（质量）成正比。

实验过程中，可每隔一定时间（约 5min）读取床层压降Δp，直到床层压降不再发生改变Δp^*，则物料的相对干基湿含量为：

$$X=\frac{\Delta p-\Delta p^*}{\Delta p^*} \tag{3-100}$$

将 X 对时间τ进行标绘，就得到图 3-21（c）所示的干燥曲线。

比较图 3-21 中的干燥曲线可知，干燥曲线的形状及规律趋势均没有变化，只是物料含水量的基准发生改变。

这种方法简单方便，建议采用此方法测定实验数据。

3. 厢式干燥

（1）干燥速率曲线是指在单位时间内、单位干燥面积上汽化的水分质量。

$$N_a = \frac{dw}{Ad\theta} = \frac{\Delta w}{Ad\theta} \tag{3-101}$$

式中 N_a——干燥速率，kg/（$m^2 \cdot s$）；

A——干燥面积，m^2；

w——从被干燥物料中除去的水分质量，kg；

θ——干燥时间，s。

干燥面积和绝干物料的质量均可测得，为了方便起见，可近似用式（3-102）计算干燥速率：

$$N_a = \frac{dw}{Ad\theta} = \frac{\Delta w}{A\Delta\theta} \tag{3-102}$$

本实验是通过测出每挥发一定量的水分（Δw）所需要的时间（$\Delta\theta$）来实现测定干燥速率的。

影响干燥速率的因素有很多，它与物料性质和干燥介质（空气）有关。在恒定干燥条件下，对于同类物料，当厚度和形状一定时，速率 N_a 是物料相对干基湿含量的函数。

$$N_a = f(X) \tag{3-103}$$

（2）传质系数（恒速干燥阶段）。在恒速干燥阶段，物料表面与空气之间的传热速率和传质速率可分别以下面两式表示：

$$\frac{dQ}{Ad\theta} = \alpha\left(t - t_w\right) \tag{3-104}$$

$$\frac{dw}{Ad\theta} = K_H\left(H_w - H\right) \tag{3-105}$$

式中 Q——由空气传给物料的热量，kJ；

α——对流传热系数，kW/（$m^2 \cdot ℃$）；

t、t_w——空气的干、湿球温度，℃；

K_H——以湿度差为推动力的传质系数，kg/（$m^2 \cdot s$）；

H、H_w——与 t、t_w 相对应的空气的湿度，kg/kg 干空气。

当物料一定，干燥条件恒定时，α、K_H 的值也保持恒定。在恒速干燥阶段物料表面保持足够润湿，干燥速率由表面水分汽化速率所控制。若忽略以辐射及热传导方式传递给物料的热量，则物料表面水分汽化所需要的潜热全部由空气以对流的方式供给，此时物料表面温度即空气的湿球温度 t_w，水分汽化所需热量等于空气传入的热量，即：

$$r_w dw = dQ \tag{3-106}$$

式中 r_w——t_w 时水的汽化潜热，kJ/kg。

因此有：

$$\frac{r_w dw}{Ad\theta} = \frac{dQ}{Ad\theta} \tag{3-107}$$

结合式（3-105）、式（3-106），得：

$$r_w K_H\left(H_w - H\right) = \alpha\left(t - t_w\right) \tag{3-108}$$

$$K_H = \frac{\alpha}{r_w} \times \frac{t - t_w}{H_w - H} \tag{3-109}$$

对于水-空气干燥传质系统，当被测气流的温度不太高，流速＞5 m/s 时，式（3-109）又可简化为：

$$K_H = \frac{\alpha}{1.09} \tag{3-110}$$

（3）K_H的计算。由干湿球温度 t、t_w，可根据湿焓图或计算出相应的 H、H_w。

计算流量计处的空气性质。因为从流量计到干燥室虽然空气的温度、相对湿度发生变化，但其湿度未变。因此，可以利用干燥室处的 H 来计算流量计处湿空气的物性。已知测得孔板流量计前气温是 t_L，则：

流量计处湿空气的比体积（$kg_{水}/m^3_{干气}$）：

$$V_H = (2.83 \times 10^{-3} + 4.56 \times 10^{-3} H)(t + 273) \tag{3-111}$$

流量计处湿空气的密度（$kg/m^3_{湿气}$）：

$$\rho = (1 + H)/V_H \tag{3-112}$$

流量计的孔流速度（m/s）：

$$u_0 = C_0 \sqrt{\frac{2\Delta p}{\rho}} \tag{3-113}$$

流量计处的质量流量（kg/s）：

$$m = u_0 \times A_0 \times \rho \tag{3-114}$$

式中　m——质量流量，kg/s；

u_0——孔流速度，m/s；

A_0——孔板孔面积，m^2；

ρ——流体密度，kg/m^3；

C_0——孔流系数；

Δp——孔板流量计的压差计读数，Pa。

计算干燥室的质量流速 G。虽然从流量计到干燥室空气的温度、相对湿度、压力、流速等均发生变化，但两个截面的湿度 H 和质量流量 m 却一样。因此，可以利用流量计处的 m 来计算干燥室处的质量流速 G：

$$G = m/A \tag{3-115}$$

式中　m——质量流量，kg/s；

A——干燥室的横截面积，m^2。

计算传热系数α。干燥介质（空气）可以平行、垂直或倾斜流过物料表面。实践证明，只有空气在物料表面平行流动时，其对流传热系数最大，干燥最快最经济。因此将干燥物料做成薄板状，其平行气流的干燥面最大。而在计算传热系数时，因为两个垂直面面积较小、传热系数也远远小于平行流动的传热系数，所以其两个横向面积的影响可忽略。

由α的经验式可知：对水-空气系统，当空气流动方向与物料表面平行时，其质量流速 G 为 0.68～8.14kg/（$m^2 \cdot s$），t 为 45～150℃。

$$\alpha = 0.0143 G^{0.8} \tag{3-116}$$

由式（3-116）计算出α代入式（3-110）即可用式计算出传质系数 K_H。

三、实验装置

多功能干燥实验装置流程图见图 3-22。

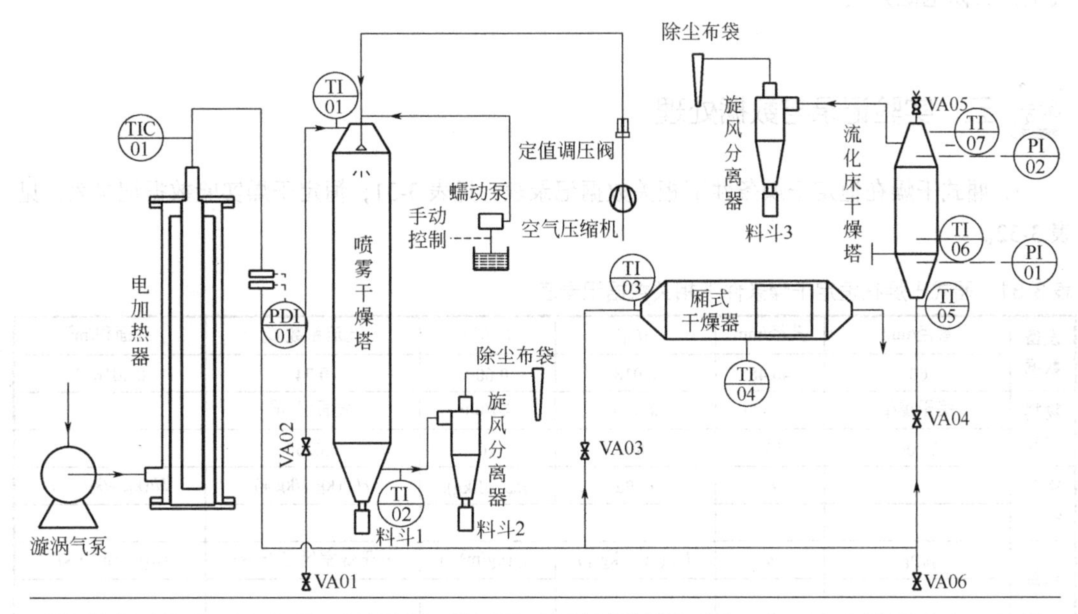

图 3-22 多功能干燥实验装置流程图

四、实验操作步骤

1. 喷雾干燥

(1) 检查阀门状态，保证除了风机旁路阀之外其他阀门均处于关闭状态，然后准备饱和硫酸钾溶液（也可以是其他溶液）。

(2) 开启设备总电源，启动气泵，打开喷雾干燥塔对应的进气阀门，然后关闭气泵旁路阀。设定电加热出口温度，开启加热开关。待电加热出口气体温度达到设定值，开启蠕动泵及空气压缩机，喷雾干燥塔开始进行喷雾干燥。实验过程中，根据玻璃塔的黏壁情况及干燥情况，实时调节进料量、压缩空气出口的压力、气泵的转速以及风温，以达到较好的干燥效果。

(3) 每次喷雾干燥结束后，用蠕动泵清水进料，清洗雾化喷头及塔壁。

2. 流化床干燥

(1) 在塔内装入待干燥硅胶颗粒，然后关闭装料阀。气泵旁路阀全开的状态下启动气泵，开启电加热开关，然后打开流化床对应的进气阀门，通过调节阀门开度或气泵转速，选择合适的进气流量进行流化床干燥。

(2) 干燥结束后，等床层温度降到 70℃以下，旋转卸料手柄进行卸料。待电加热出口温度低于 50℃即可停止气泵，关闭总电源。

3. 厢式干燥

(1) 在保证气泵旁路阀全开的状态下启动气泵。调节阀门，使仪表达到预定的风量值，一般风量调节到 600～800 Pa。设定电加热出口气体温度，然后开启电加热，待温度达到设定值且干、湿球温度不再变化时，将预先准备的充分浸泡的待干燥试样放入干燥室架子上，开始读取物料质量，每隔 3 min 记录一次试样质量，直至试样质量基本稳定，停止记录。

⑵ 干燥结束后，取出被干燥的试样，关闭加热开关。当干球温度降到 50 ℃以下时，关闭气泵，关闭电源开关。

五、实验记录与数据处理

1. 厢式干燥在恒定干燥条件下相关数据记录表，见表 3-31；恒定干燥实验数据记录表，见表 3-32。

表 3-31　厢式干燥在恒定干燥条件下相关数据记录表

设备数据	管径/mm	孔径/mm	A/m²	$A_{孔}/A_{管}$	孔流系数 C_0	孔面积/m²
	60	46.48	0.018	0.600	0.74	0.001697
物料尺寸	绝干重/g	长/mm	宽/mm	厚/mm	表面积/m²	
	21.00	130	80	10	0.0250	
空气物性	t	t_w	p_s/Pa	R_w/(kJ/kg)	H_w/(kg 水/kg 干)	H/(kg 水/kg 干气)
风量	p/Pa	t_0	V_H/(m³ 湿/kg 干)	r_H/(kg/m³ 湿)	u 干燥室风速/(m/s)	G/[kg/(m²·s)]
传质系数	α/[kW/(m²·℃)]	$K_{H计}$/[kg/(m²·s)]		干燥速率/[g/(m²·s)]		$K_{H测}$/[kg/(m²·s)]

表 3-32　恒定干燥实验数据记录表

序号	m/g	Δt/s	t/s	X/(kg/kg)	N_a/[g/(m²·s)]
1		0.0			
2		180.0	180		
3		180.0	360		
4		180.0	540		
5		180.0	720		
6		180.0	900		
……		……	……		

2. 数据分析与讨论

① 分析恒速干燥阶段与降速干燥阶段的干燥机制及影响干燥速率的因素。

② 分析不同进料状态对操作曲线的影响。

六、思考题

1. 提高喷雾干燥物料回收率的方法有哪些?

2. 若空气湿度 H 变小，对干燥速率曲线及物料平衡湿含量有何影响?

3. 能否根据恒定干燥条件下的干燥速率计算空气与物料间的对流传热系数?

4. 为什么同一湿度的空气，温度较高有利于干燥操作的进行?

第四章　反应工程实验

4

实验一　连续流动反应器停留时间分布的测定实验

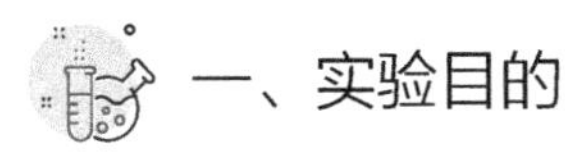

一、实验目的

1. 掌握停留时间分布的测定及其数据处理方法。

2. 学会对反应器进行模拟计算。

3. 熟悉根据停留时间分布测定结果判定反应器混合状况和改进反应器的方法。

4. 了解管式反应器、串联釜式反应器对化学反应的影响规律，学会釜式反应器的配置以及管式反应器循环比的调节方法。

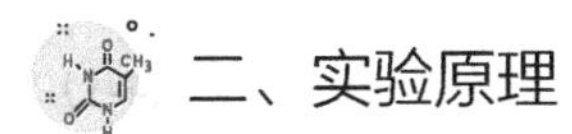

二、实验原理

化学反应进行的完全程度与反应物料在反应器内停留时间的长短有关，时间越长，反应进行得越完全。物料在反应器内的停留时间分布是连续流动反应器的一个重要性质，可定量描述反应器内物料的流动特性。通过测定连续流动反应器停留时间，即可由已知的化学反应速率计算反应器物料的出口浓度、平均转化率，还可以了解反应器内物料的流动混合状况，确定实际反应器对理想反应器的偏离程度，从而找出改进和强化反应器的途径。通过测定停留时间分布，求出反应器的流动模型参数，为反应器的设计及放大提供依据。

停留时间分布与反应器流动特性测定实验的装置是测定带搅拌器的釜式液相反应器以及管式反应器内物料返混情况的一种设备。实验操作通常是在固定搅拌转速和液体流量的条件下进行，加入示踪剂，由各级反应釜流出口测定示踪剂浓度随时间变化曲线，再通过数据处理得以证明返混对釜式反应器的影响，并能通过计算机得到停留时间分布密度函数与三釜串联流动模型的关系。

本实验属于典型的多釜串联性能测定实验，是模拟化学工业中最具代表性的釜式反应，是一个接近实际情况的反应体系，串联釜式反应器比单釜反应器有更充分的停留时间，使反应更加完全，理想反应釜单釜流动状况接近全混流，多釜串联接近平推流。

停留时间分布测定所采用的方法主要是示踪响应法。它的基本思路是：在反应器入口以一定的方式加入示踪剂，然后通过测量反应器出口处示踪剂浓度的变化，间接地描述反应器内流体的停留时间。常用的示踪剂加入方式有脉冲输入法、阶跃输入法和周期输入法等。本实验选用的是脉冲输入法。

脉冲输入法是在极短的时间内将示踪剂从系统的入口处注入主流体，在不影响主流体原有流动特性的情况下随之进入反应器。与此同时，在反应器出口检测示踪剂浓度 $C(t)$ 随时间的变化。整个过程可以用图 4-1 形象地描述。

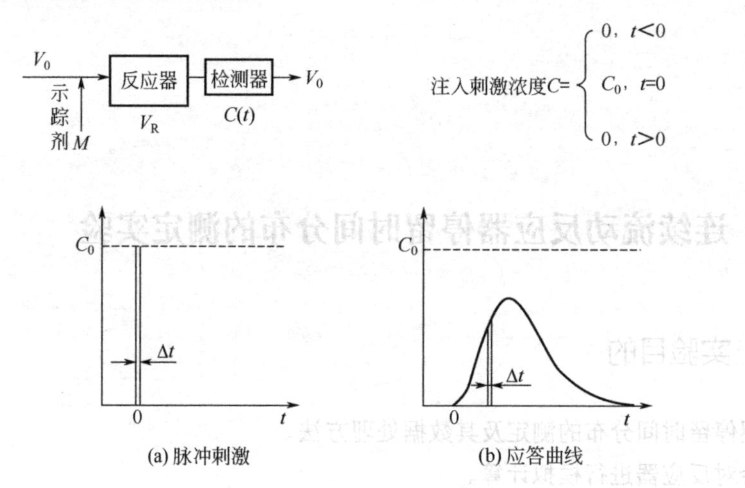

图 4-1　脉冲输入法停留时间分布

在反应器出口处测得的示踪剂浓度 $C(t)$ 与时间 t 的关系曲线叫响应曲线。由响应曲线可以计算出停留时间分布密度函数 $E(t)$ 与时间 t 的关系，并绘出 $E(t)$ ～t 关系曲线。根据 $E(t)$ 的定义得：

$$VC(t)\mathrm{d}t = ME(t)\mathrm{d}t \tag{4-1}$$

所以

$$E(t) = \frac{VC(t)}{M} \tag{4-2}$$

式中　V——主流体的流量，L/h；

M——示踪剂的加入量，mol。

由式（4-2）即可根据响应曲线求停留时间分布密度函数 $E(t)$，由此可由脉冲输入法直接测得的是 $E(t)$。

关于停留时间分布的另一个统计函数是停留时间分布函数 $F(t)$，即：

$$F(t) = \int_0^t E(t)\mathrm{d}t \tag{4-3}$$

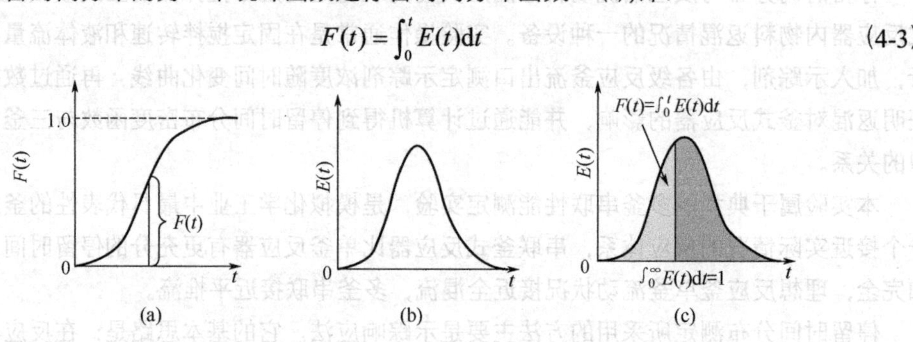

图 4-2　停留时间分布函数 $F(t)$（a）与停留时间分布密度函数 $E(t)$（b）、（c）

物料在反应器内的停留时间是随机的，须用概率分布方法来描述。用停留时间分布密度函数 $E(t)$和停留时间分布函数 $F(t)$ 来描述系统的停留时间，给出了很好的统计分布规律。$E(t)$有 2 个概率特征值，即平均停留时间（数学期望）和方差。$E(t)$ 的物理意义是：同时进入的 N 个流体粒子中，停留时间介于 t 到 t+dt 间的流体粒子所占的分率 dN/N 为 $E(t)\mathrm{d}t$。停留时间分布函数 $F(t)$ 的物理意义是：流过系统的物料中停留时间小于 t 的物料的分率。见图 4-2。

数学期望对停留时间分布而言就是平均停留时间，即：

$$\bar{t}=\frac{\int_0^{\infty} tE(t)\mathrm{d}t}{\int_0^{\infty} E(t)\mathrm{d}t}=\int_0^{\infty} tE(t)\mathrm{d}t \tag{4-4}$$

方差是和理想反应器模型关系密切的参数，表示对均值的离散程度，方差越大，则分布越宽。它的定义是：

$$\sigma_t^2=\frac{\int_0^{\infty}(t-\bar{t})^2E(t)\mathrm{d}t}{\int_0^{\infty}E(t)\mathrm{d}t}=\int_0^{\infty}(t-\bar{t})^2E(t)\mathrm{d}t=\int_0^{\infty}t^2E(t)\mathrm{d}t-t^{-2} \tag{4-5}$$

由式（4-2）可见 $E(t)$ 与示踪剂浓度 $C(t)$ 成正比。因此，本实验中用水作为连续流动的物料，以饱和氯化钾溶液作示踪剂，在反应器出口处检测溶液电导值。在一定范围内，氯化钾浓度与电导值成正比，则可用电导值来表达物料的停留时间变化关系。

由实验测定的停留时间分布密度函数 $E(t)$ 的两个重要的特征值，即平均停留时间 $\bar{t}$ 和方差 σ_t^2，可由实验数据计算得到。若用离散形式表达，并取相同时间间隔 Δt，(L 为停留时间分布函数）则：

$$\bar{t}=\frac{\int_0^{\infty} tE(t)\mathrm{d}t}{\int_0^{\infty} E(t)\mathrm{d}t}=\frac{\int_0^{\infty} tC(t)\mathrm{d}t}{\int_0^{\infty} C(t)\mathrm{d}t}=\frac{\int_0^{\infty} tL(t)\mathrm{d}t}{\int_0^{\infty} L(t)\mathrm{d}t} \tag{4-6}$$

$$\bar{t}=\frac{\sum tE(t)\Delta t}{\sum E(t)\Delta t}=\frac{\sum tC(t)}{\sum C(t)}=\frac{\sum tL(t)}{\sum L(t)} \tag{4-7}$$

$$\sigma_t^2=\frac{\int_0^{\infty}t^2E(t)\mathrm{d}t}{\int_0^{\infty}E(t)\mathrm{d}t}-\bar{t}^2 \tag{4-8}$$

$$\sigma_t^2=\frac{\sum t^2E(t)\Delta t}{\sum E(t)\Delta t}-\bar{t}^2=\frac{\sum t^2C(t)}{\sum C(t)}-\bar{t}^2=\frac{\sum t^2L(t)}{\sum L(t)}-\bar{t}^2 \tag{4-9}$$

若用无量纲对比时间 θ 来表示，即 $\theta=t/\bar{t}$，无量纲方差 $\sigma_\theta^2=\sigma_t^2/\bar{t}^2$。

在测定了一个系统的停留时间分布后，如何评价其返混程度，则需要用反应器模型来描述，这里采用的是多釜串联模型。所谓多釜串联模型是将一个实际反应器中的返混情况与若干个全混釜串联时的返混程度等效。这里的若干个全混釜个数 n 是虚拟值，并不代表反应器个数，n 称为模型参数。多釜串联模型假定每个反应器为全混釜，反应器之间无返混，每个全混釜体积相同，则可以推导得到多釜串联反应器的停留时间分布函数关系，并得到无量纲方差 σ_θ^2 与模型参数 n 存在关系为：

$$n=\frac{1}{\sigma_\theta^2}=\frac{\bar{t}^2}{\sigma_t} \tag{4-10}$$

当 n=1，$\sigma_\theta^2=1$，为全混釜 CSTR 特征；

当 $n\to\infty$，$\sigma_\theta^2\to 0$，为平推流 PFR 特征（见图 4-3）。

当 n 为整数时，代表该非理想流动反应器可以用 n 个等体积的全混流反应器的串联来建立模型。当 n 为非整数时，可以用四舍五入的方法近似处理。

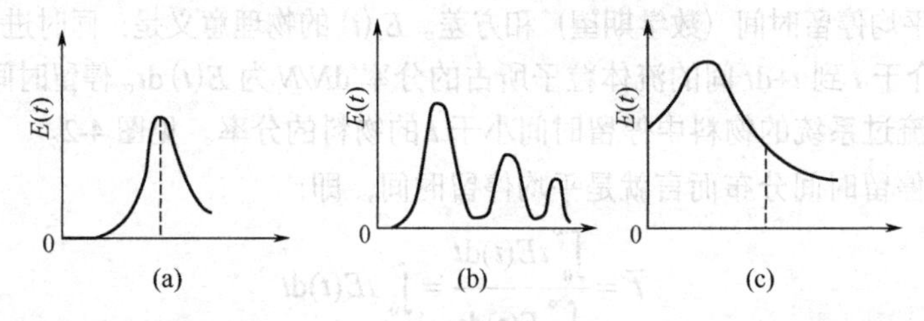

图 4-3 接近平推流的 $E(t)$ 曲线正常出峰（a）、内循环（b）和接近全混流的 $E(t)$ 曲线正常出峰（c）

三、实验装置

实验装置流程图如图 4-4 所示。

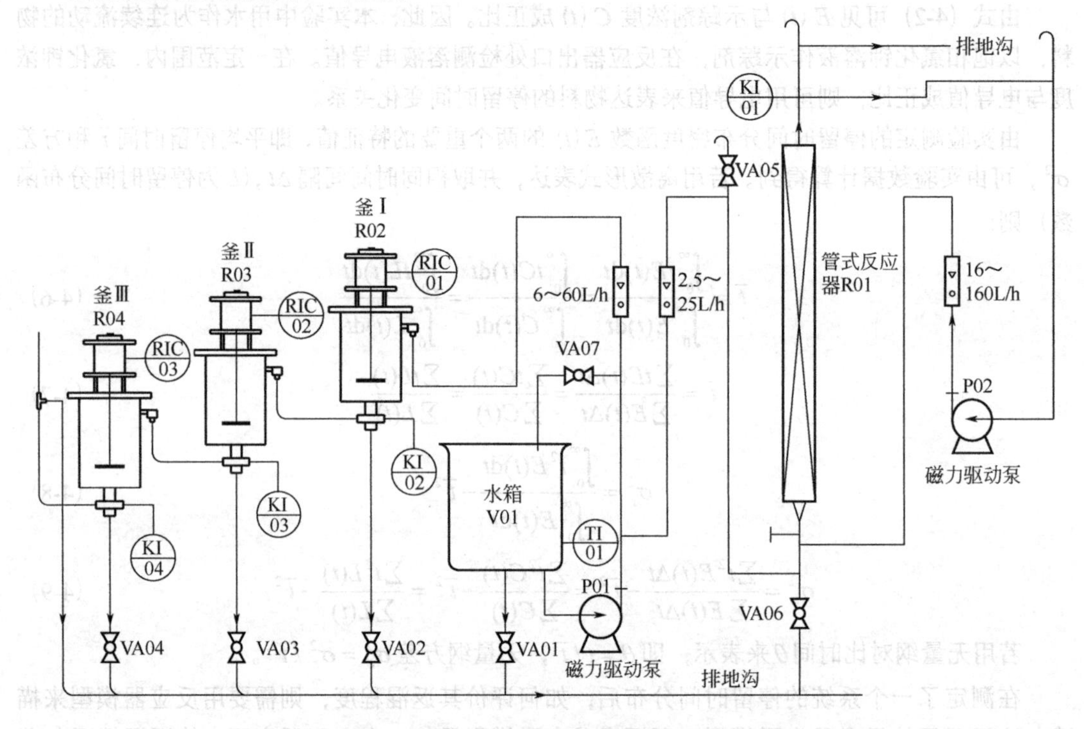

图 4-4 停留时间分布与反应器流动特性测定实验装置流程图

1. 参数

操作温度：常温。

操作压力：常压。

管式反应器容积：1L。

串联反应釜：1L，3 个，带搅拌，且搅拌速度可调。

示踪剂为饱和 KCl 溶液，通过注射器注入反应器内，混合后由出口处电导率仪检测，电导信号反馈到中控单元再传输到计算机，记录下电导变化曲线，绘制停留时间分度密度函数 $E(t)$～t 关系曲线，并计算出平均停留时间和方差。

流量：转子流量计，6～60L/h，16～160L/h，2.5～25L/h。

温度传感器：PT100。

2. 公用设施

水：装置自带水箱，连接自来水接入。

电：电压220V，功率0.5kW，标准单相三线制。

实验物料：水、KCl。

配套设备：完成此实验其他相关的仪器。

四、实验操作步骤

1. 准备工作

① 配制饱和KCl溶液；

② 检查电极导线连接是否正确；

③ 检查仪表柜内接线有无脱落；

④ 向水箱内注满水，打开泵出口处阀门VA07，检查各个阀门开关状况。

2. 实验部分

(1) 三釜串联实验

① 启动磁力驱动泵，调节阀门VA07，将三釜转子流量计维持在20～30L/h之间某值（注意：初次通水必须排净管路中气泡，然后关闭三釜下端的三个排水阀，关闭管式反应器进水转子流量计的阀门），使各釜充满水，并能正常地从最后一级流出。

② 分别开启釜Ⅰ、釜Ⅱ、釜Ⅲ搅拌开关，调节转速，使三釜搅拌程度大致相同，转速维持在0～200r/min。开启电导率仪开关，电导率分别“调零”。调整完毕，备用。

③ 开启计算机，在桌面上双击“停留时间分布与反应器流动特性测定实验装置”图标，选择“三釜串联实验”，进入软件画面，实验开始并打开“响应曲线”绘制窗口，然后再单击“数据记录”按钮，并在窗口内分别输入示踪剂加入量、进水流量、数据间隔时间（比如2s）、数据记录总个数（比如500个），待搅拌转速稳定，且釜Ⅰ、釜Ⅱ流体分别可以向后一级流出，通过止水夹调节液位，使三个釜液位保持一致，此时通过釜Ⅰ的示踪剂注入口用注射器注入一定量（比如1.0mL）的饱和KCl溶液，同时单击“开始记录”按钮，此时可进行电导率数据的实时采集。

④ 待采集结束（20s内电导率数值归零且不变化），按下“数据处理”按钮后，会显示平均停留时间（数学期望）和方差的计算结果，并绘制出停留时间分度密度函数$E(t)\sim t$关系曲线，按下“保存数据”按钮保存数据文件。

⑤ 改变电机转速或进水流量，按照上面相同的步骤重新实验，探究电机转速和进水流量对实验结果的影响。

(2) 管式反应器流动特性测定实验

① 实验内容：

a. 用脉冲示踪法测定循环反应器停留时间分布；

b. 改变循环比，确定不同循环比下的系统返混程度；

c. 研究循环反应器的流动特征。

② 关闭三釜进水转子流量计的阀门，慢慢打开管式反应器进水转子流量计的阀门，启动水泵，调节水流量维持在 40L/h，使管式反应器充满水，并能正常地从顶端溢流出。（注意：初次通水打开各放空阀，将循环水流量调至最大值，排净管路中的所有气泡，特别是死角处，最后关闭放净阀 VA05、VA06。）

③ 采用不同循环比（R=0、1、3、6），通过测定停留时间的方法，借助多釜串联模型定量分析不同循环比下系统的返混程度。

④ 待反应器内流动状态稳定，选择“反应器流动特性测定实验”，进入软件画面，在窗口内分别输入示踪剂加入量、进水流量、循环水流量、数据间隔时间（比如 2s）、数据记录总个数（比如 500 个），然后再单击“数据记录”按钮，通过示踪剂注入口用注射器注入一定量（比如 0.5mL）的饱和 KCl 溶液，同时单击“开始记录”按钮，此时可进行电导率数据的实时采集。

操作要点：

a. 调节流量稳定后方可注入示踪剂，整个操作过程中注意控制流量；

b. 一旦失误，应等示踪剂出峰全部走平后，再重做。

⑤ 待采集结束（两分钟电导率数值不变化），按下“数据处理”按钮后，会显示平均停留时间（数学期望）和方差的计算结果，并绘制出停留时间分度密度函数 $E(t)\sim t$ 关系曲线。

⑥ 改变循环比（R=0、1、3、6），重复步骤④⑤。

（3）实验结束

① 先关闭磁力驱动泵，再依次关闭流量计、电导率仪、设备总电源，退出实验程序，关闭计算机。

② 打开放净阀 VA01、VA02、VA03、VA04、VA05、VA06，将水排空。

五、实验记录与数据处理

实验数据记录如表 4-1 所示。

表 4-1　数据处理计算结果

反应器	$\bar{t}$/s	$\sigma_t^2/\bar{t}^2$	σ_θ^2	n	实际釜/循环比
釜Ⅰ					1
釜Ⅱ					2
釜Ⅲ					3
管式					0
					3
					5

六、实验注意事项

1. 长时间不用该仪器应将其放置于干燥的地方，还应定期进行仪器的开启并维持一定时间操作，以防止仪器受潮。

2. 实验结束后继续通清水，对釜内壁特别是搅拌桨的叶片进行冲洗，最后将水排净。

3. 在启动磁力驱动泵前，必须保证水箱内有水，长期使磁力驱动泵空转会使磁力驱动泵温度升高而损坏磁力驱动泵。第一次运行磁力驱动泵，须排除磁力驱动泵内空气。不进料时应及时关闭进料泵。

4. 搅拌电动机有异常声音，应检查搅拌轴是否处于合适位置，重新调整后可以达到正常。

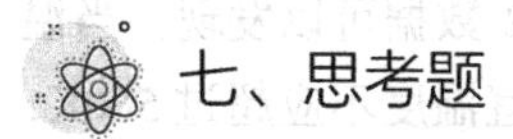

七、思考题

1. 计算出单釜系统和三釜系统的平均停留时间 $\bar{t}$，与理论值比较，分析偏差原因。

2. 计算模型参数 n，讨论两种系统的返混程度大小。

3. 讨论如何限制返混或加大返混程度。

实验二　多功能反应实验

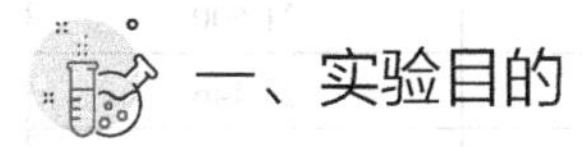

一、实验目的

1. 了解流化床反应、固定床反应以及釜式反应的装置特点。

2. 了解以乙醇气相脱水制备乙烯、以苯气相加氢制备环己烷以及高压反应釜内乙醇和乙酸的酯化反应过程，学会设计实验流程和操作。

3. 掌握乙醇气相脱水、苯加氢、乙醇和乙酸酯化反应的操作条件对产物收率的影响，学会获取稳定工艺条件的方法，提高实验技能。

4. 了解流化床与固定床的床型结构与操作方法的不同，以及通过流化床反应进一步掌握类似催化裂解的实验技巧，学会在不同装置上运用所学的知识解决各类问题。

5. 练习操作釜式反应，包括液相、液-液相、液-固相、气-液相的反应。

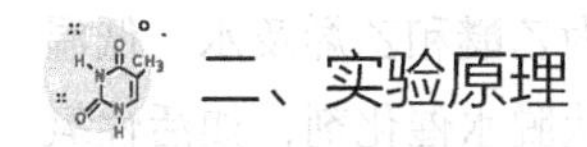

二、实验原理

1. 苯加氢反应原理

环己烷在石油化工领域用途广泛，是重要的化工原料，最主要的经济用途是生产合成尼龙的中间体己内酰胺和己二酸等；环己烷还可以用作溶剂，是树脂、沥青、蜡、纤维素醚和橡胶的优良溶剂。除少数环己烷是从石油馏分中蒸馏分离得到外，90%的环己烷均来源于苯加氢工艺。因此，苯加氢制环己烷具有较高的经济价值。

苯加氢反应是一个复杂的反应体系，以下是苯在反应条件下可能发生的各种反应：

$$C_6H_6\ (\text{苯}) + 3H_2 \rightleftharpoons C_6H_{12}\ (\text{环己烷}) + 215.69\text{kJ/mol} \quad (1)$$

$$C_6H_6\ (\text{苯}) + 3H_2 \longrightarrow 3C + 3CH_4 + 315.95\text{kJ/mol} \quad (2)$$

$$C_6H_{12}\ (\text{环己烷}) \rightleftharpoons C_5H_9CH_3\ (\text{甲基环戊烷}) - 16.58\text{kJ/mol} \quad (3)$$

$$C_6H_{12}\ (\text{环己烷}) + 6H_2 \longrightarrow 6CH_4 + 342.66\text{kJ/mol} \quad (4)$$

反应式（1）是苯加氢制环己烷的主反应，是一个放热的、体积减小的可逆反应，因此低温和高压对反应是有利的。表 4-2 是苯加氢反应体系的平衡常数。由表 4-2 数据可以发现，当温度超过 560K 后，反应式(1)的苯转化率减小，这表明苯加氢制环己烷的适宜温度不应超过 560K，否则只有提高系统压力才能保证高的转化率。

表 4-2　苯加氢反应体系的平衡常数

T/K	$\lg K_p$			
	反应（1）	反应（2）	反应（3）	反应（4）
300	16.984	49.129	−0.694	58.682
400	7.773	35.598	0.044	44.240
500	2.208	27.417	0.478	35.434
550	0.171	24.421	0.632	32.184
560	−0.193	23.884	0.659	31.600
600	−1.534	21.911	0.759	29.446
700	−4.234	17.935	0.953	25.068
800	−6.282	14.914	1.093	21.696
900	−7.897	12.530	1.197	18.996
1000	−9.207	10.592	1.275	16.765

反应式（3）是一个可逆吸热反应，低温有利于反应向逆方向进行，因此，苯加氢制环己烷的反应温度不宜过高；当然也不能太低，否则反应分子不能很好地活化，进而导致反应速率比较慢。反应温度超过 300℃，反应将向有利于生成苯的方向进行，控制反应温度以及有效移除反应热是苯加氢过程工艺的关键。

2. 乙醇脱水反应原理

本装置选取的乙醇脱水反应制乙烯是化学反应中比较简单的一种反应过程，一般催化剂处于静止状态，让反应物通过加热的固定床反应床层，此时乙醇即转化为乙醚和乙烯及水。低温下乙醚占优，高温下乙烯占优。催化剂一般是采用ϕ3mm×3mm 的条状脱水催化剂，如活性氧化铝、ZSM-5 分子筛等催化剂都具有较高转化率和选择性。但固定床在热量传递方面依靠外部供热，床层内部与壁之间有很大的温差，对转化不利。如果将催化剂颗粒减小到 1mm 以下，在反应器内由下至上通入反应物（气体或液体），此反应物通过床层的速度增大到一定值后，上升的气体或液体将把粒子带起，使流体中的粒子呈悬浮状态，若一直保持稳定的这一流速，则床层的粒子会不断上下跳动沸腾，这时将此称为沸腾流化床操作，它与固定床的不同点是在流化床中粒子沸腾时可将热量快速从壁上传至内部，而且全部床层内温度很均匀，这也是流化床的优点。如果流化床的进料速度过大，会将粒子吹出，这时粒子便进入移动状态，在催化裂化的反应中，催化剂可从反应床移至再生床，从再生床再回到反应床，并周而复始稳定循环，以保持较高催化活性。工业催化裂化就是这种形式的操作，但在实验室较少采用循环法操作，多采用在一个反应器内反应后再进行再生，也就是催化剂因结碳而失活，采用空气和氮气的混合气在同一个反应器内保持 500℃流化状态下操作，活化一定时间，烧掉结碳并恢复催化剂活性。乙醇脱水反应催化剂失活时即可按此方法进行再生。

乙醇脱水依催化剂类型、反应温度、压力、接触时间（加料速度）的不同其过程也不同，但总的反应是由下列反应式组成：

$$2C_2H_5OH \xrightarrow{\text{催化剂}} \begin{cases} C_2H_5OC_2H_5 + H_2O \\ 2C_2H_4 + 2H_2O \end{cases}$$

低温下反应以

$$2C_2H_5OH \longrightarrow C_2H_5OC_2H_5 + H_2O \text{ 为主；}$$

高温下反应以

$$2C_2H_5OH \longrightarrow 2C_2H_4 + 2H_2O \text{ 为主。}$$

实际上都是乙醇脱水反应，在两者之间的温度下，反应产物中必然含乙醚和乙烯。由于流化床有传热和高返混的作用，在同样温度下，乙烯含量应高于固定床。

应注意的是根据二碳原子的乙醇脱水生成乙烯、三碳醇脱水生成丙烯、四碳醇脱水生成丁烯、高碳醇脱水生成高碳数烯烃等，均可采用相同的催化剂和操作方法。

如：

$$2R-\underset{\displaystyle H}{\underset{|}{CH}}-\underset{\displaystyle OH}{\underset{|}{CH_2}} \longrightarrow \begin{cases} 2RCH{=}CH_2 + 2H_2O \\ (RCH_2CH_2)_2O + H_2O \end{cases}$$

关于乙醇脱水反应历程有多种解释，现取一种介绍如下：

$$\underset{\displaystyle H}{\underset{|}{CH_2}}-\underset{\displaystyle OH}{\underset{|}{CH_2}} \longrightarrow CH_2{=}CH_2 + H_2O$$

$$-\underset{\displaystyle H}{\underset{|}{\overset{|}{C}}}-\underset{\displaystyle OH}{\underset{|}{\overset{|}{C}}}- \Longleftrightarrow -\underset{\displaystyle H}{\underset{|}{\overset{|}{C}}}-\underset{\displaystyle OH_2^+}{\underset{|}{\overset{|}{C}}}- \Longleftrightarrow -\underset{\displaystyle H}{\underset{|}{\overset{|}{C}}}-\underset{+}{\overset{|}{C}}- \Longleftrightarrow -\overset{|}{C}{=}\overset{|}{C}-$$

醇　　　　质子化的醇　　　　正碳离子　　　　烯烃

甲醇类、烃基上的氧原子，含有共用电子对，与（H^+）结合形成鎓盐。氧原子上带正电荷，使之变成强吸电子基，并使 C—O 键易于断裂，整个反应速度由第二步生成正碳离子的速度决定，在这一步中只有一个分子发生价键的破裂，叫单分子历程。简称 E1 消除反应。

3. 乙酸乙酯反应原理

乙酸乙酯又称醋酸乙酯，是无色透明、具有刺激性气味的液体，具有优异的溶解性、快干性，用途广泛，是一种非常重要的有机化工原料和极好的工业溶剂，被广泛用于醋酸纤维素、乙基纤维素、氯化橡胶、乙烯树脂、乙酸纤维树脂、合成橡胶、涂料及油漆等的生产过程中。目前，已有直接酯化法、乙醛缩合法和乙烯与醋酸直接酯化法三种工业生产工艺，本实验采用直接酯化法生产乙酸乙酯，乙酸和乙醇在 HND 催化剂的催化作用下，发生如下酯化反应：

$$CH_3COOH + C_2H_5OH \xrightarrow{HND} CH_3COOC_2H_5 + H_2O$$

三、操作原理

1. 固定床操作原理

气-固相催化反应固定床装置是管式反应器，床内有直径为 3mm 的不锈钢套管，并在管内插入直径为 1mm 的铠装热电偶，测定反应温度，加热炉采用三段控温，于炉子 1/3、1/2、2/3 处分别内插一根控温热电偶，控制加热炉的加热功率。催化剂处于静止状态，定量的苯原料经预热器汽化后与氢气混合进入固定床层，在催化剂的作用下，苯即发生加氢反应。

2. 流化床操作原理

流态化现象可以由气体、液体与固体颗粒形成气-固流态化、液-固流态化或气-液-固三相流态化。其中工业应用较多的是气-固流态化。

在垂直的容器中装入固体颗粒，由容器底部经多孔填料分布段通入气体。起初固体颗粒静止不动，为固定床状态，这时气体只能从固体缝隙通过。随着气量增大，当达到某一数值时，颗粒开始松动，此时的表观速度（空塔速度）称为起始流化速度，亦称临界流化速度。此时，颗粒空隙率增大，粒子悬浮而不再相互支撑，处于运动状态，床面明显升高，在达到流化后，床内压降随流速增加而减小，再加大流速也基本不变。

随着气速再增大，床层开始膨胀并有气泡形成，气泡内可能包含少量的固体颗粒成为气泡相，气泡以外的区域成为乳相，这种流化状态称为聚式流态化（也称鼓泡床）。若床内没有气泡形成则称为散式流态化，也叫平稳床。随着气速继续增加，达到终端速度，颗粒将会被气体带出，叫扬析或气力输送（粒子与流体一起流动或移动）。

3. 高压反应釜操作原理

釜式反应是化工反应工艺过程中较重要的单元操作，也是化工生产中不可缺少的工艺过程。该釜式反应装置可用于液相、液-液相、液-固相、气-液相下反应，其特点是适用性较强，操作弹性大，连续操作时温度、浓度容易控制，产品质量均一。该高压反应釜配套有搅拌系统、温度控制系统、压力控制系统，釜内带有冷却盘管、测温头。可用于苯的硝化、氯乙烯聚合、加氢、缩合、酯化等反应。

四、流程装置介绍

多功能反应装置由管式炉加热固定床、流化床催化反应器及釜式反应器组成，是有机化工、精细化工、石油化工等领域的主要实验设备，尤其在反应工程和催化工程及化工工艺、生化工程、环境保护专业中涉及相当广泛。该实验装置可进行加氢、脱氢、氧化、卤化、芳构化、烃化、歧化、氨化等各种催化反应的科研与教学工作。

1. 固定床反应器

气固相催化反应固定床装置正常使用温度 300～500℃，最高工作温度 600℃，设定功率为 1500W，电压 220V。反应器内径是 15mm，容积为 316L，不锈钢材质。反应器的组装方式如图 4-5 所示。

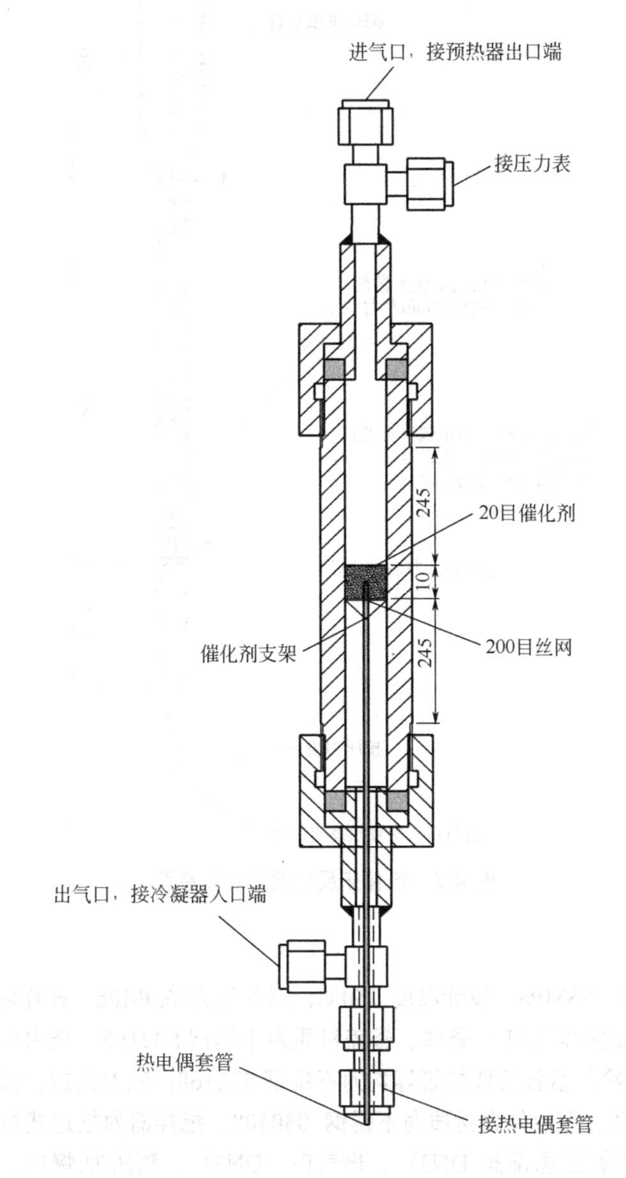

图 4-5　固定床反应器组装示意图

2. 流化床反应器

气-固相催化反应流化床是一种在反应器内由气流作用使催化剂细粒子上下翻滚作剧烈运动的床型。流化床为不锈钢制，床下部由陶瓷环填料作预热段，中下部为流化膨胀的催化剂浓相段，中上部为稀相段，反应器内径是 32mm，顶部为扩大段，内径 68mm。管式炉采用四段法对反应器温度进行控制，正常使用温度 300～500℃，最高工作温度 600℃，设定功率为 1800W，电压 220V。反应器的组装方式如图 4-6 所示。

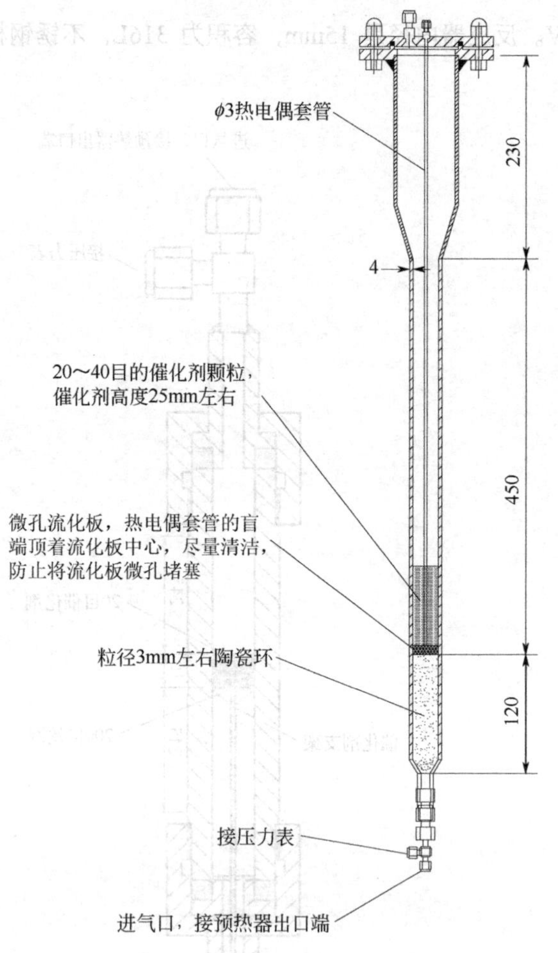

图 4-6　流化床反应器组装示意图

3. 釜式反应器

反应釜设计压力 12.5MPa，设计温度 350℃，操作压力 6.0MPa，操作温度 300℃，搅拌转速 20～1500r/min，公称容积 1L；釜体、釜盖材质为不锈钢 S32168，釜内与物料接触部分如测温套管、搅拌轴桨、冷却盘管及取样管等均为不锈钢 S32168，磁力密封、管口接头及阀门等材质均为不锈钢 S32168，保温外壳材质为不锈钢 S30408。搅拌器为推进式搅拌器。釜盖上的接口包括进气口（插底管/三通/配阀 DN3）、出气口（DN3）、测压/防爆口、测温口、搅拌口、固料口（丝堵/DN10）、冷却水进出口等。

整机流程设计合理，设备安装紧凑，操作方便，性能稳定，重现性好。本装置三个反应器为切换操作，由反应系统和控制系统组成，装置工艺流程图如图 4-7 所示。

五、实验操作步骤

1. 固定床操作方法

(1) 通氮气试漏。将质量流量计切换到冲洗状态，调节入口稳压阀，保持入口压力表 4MPa 左右，反应器入口压力表≥3MPa，用肥皂水检测各接口是否有泄漏。

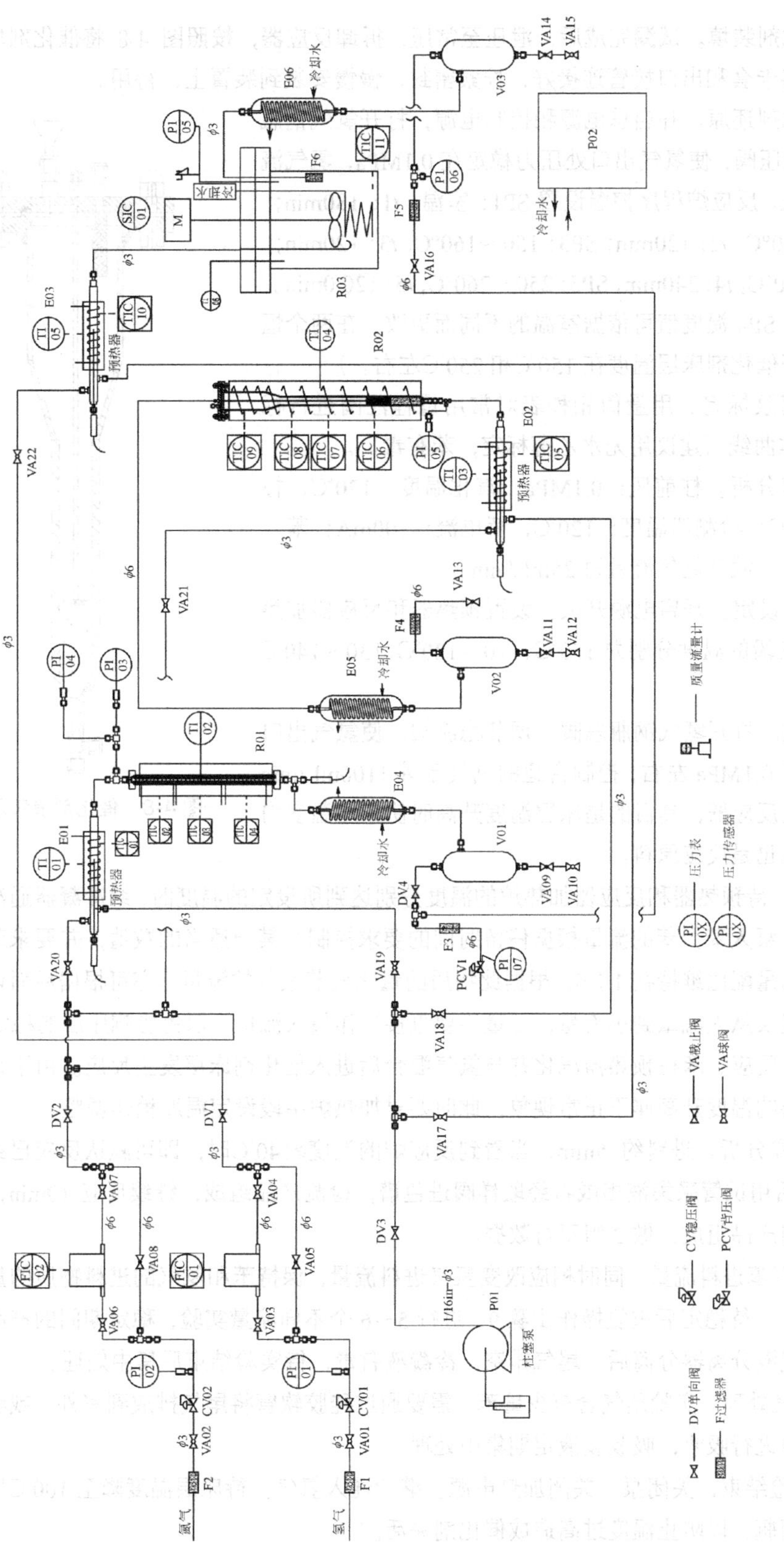

图 4-7 多功能反应流程图

（2）催化剂装填。试漏完成后，泄压至常压，拆卸反应器，按照图 4-8 将催化剂填装进反应器内，再将卡套和出口接管连接好，拧紧密封，慢慢安装到装置上，待用。

（3）催化剂还原。开启总电源和控制电源，打开氢气钢瓶总阀，调节稳压阀，使氢气出口处压力稳定在 0.1MPa，氢气流量 100mL/min。反应炉程序控温设置 SP1：室温，$t1$：180min；SP2：150～160℃，$t2$：120min；SP3：150～160℃，$t3$：120min；SP4：250～260℃，$t4$：240min；SP5：250～260℃，$t5$：120.0min。（SP2、SP3、SP4 温度值可依据室温的不同而更改，在两个恒温段分别保证催化剂床层温度在 150℃和 250℃左右。）

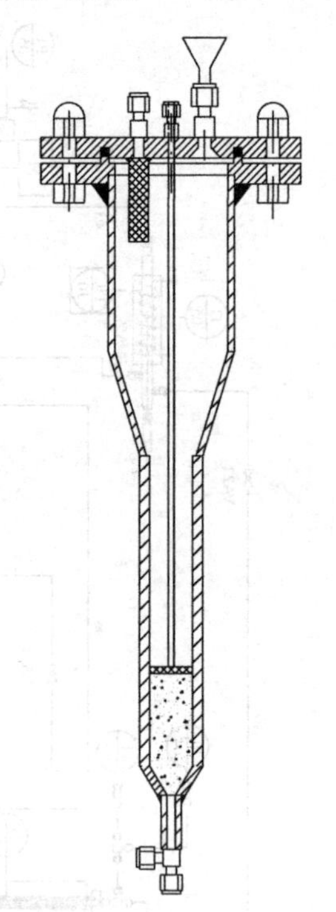

图 4-8　催化剂填装示意图

（4）柱塞泵标定。用量筒和秒表对常用量程范围进行标定，做出标准曲线（建议用无水乙醇标定，苯有毒）。

（5）色谱分析。柱前压：0.1MPa；汽化温度：120℃；柱箱温度：100℃；检测器温度：120℃；桥电流：100mA；苯、环己烷填充柱。载气氢气流量为 25mL/min。

（6）温度设定。开启电源开关，设置预热器和反应器加热炉上、中、下三段的温度分别为 150℃、110～120℃、130～140℃、110～120℃。

（7）升温。打开氢气钢瓶总阀，调节稳流阀，使氢气出口处压力稳定在 0.1MPa 左右，控制合适的氢气流量（100mL/min 左右），通入反应器，其目的是床层温度升高时使床层温度均匀，同时氢气也是反应原料。

（8）进料。待预热器和反应器加热炉的温度分别达到所设定的温度时，给冷凝器通冷却水。开启液体泵，泵入苯，苯的流量根据停留时间的要求控制在某一适当的数值，并要求苯和氢气的进料物质的量配比维持在 1∶6，根据此物质的量比调节氢气的流量（亦可根据后面调试数据进行实验，建议从大流量到小流量，尽量不要直接操作最大流量，以免影响床层的稳定）。

（9）催化反应。苯在预热器汽化并与氢气混合后进入催化剂床层发生反应。由于是放热反应，若反应器的温度升高属于正常现象，此时要对加热炉中段设定温度稍作调整。

（10）取样分析。进料约 5min，当看到反应炉的温度≥140℃时，即可默认反应已经开始，反应 30min 后用试管采集液相或者经取样阀进色谱，检测产品组成，继续反应 10min，重复检测产品，得到产品组成，做 2 组平行数据。

（11）改变苯进料流量，同时相应改变氢气进料流量，保持苯和氢气的进料物质的量比不变（仍为 1∶6），待稳定后重复操作步骤 9，进行 5～6 个不同流量实验，稳定期间的产品经过冷凝器冷凝、气液分离器分离后，尾气排空，冷凝液有毒，待实验结束后集中处理。

（12）尾气处理。实验尾气含有少量苯，需要通过硅胶软管将尾气排放到室外，或者将尾气排入工业乙醇进行吸收，吸收废液定期集中处理。

（13）实验结束，关闭泵，关闭加热电源。继续通入氢气，待床层温度降至 100℃以下，方可关闭氢气钢瓶，以防止温度过高造成催化剂失活。

2. 流化床操作方法

(1) 催化剂的填装

催化剂的填装如图 4-8 所示，填装 25mm 高的 20 目催化剂。松开流化床反应器进、出气口接头，使反应器与预热器和冷凝器分离，从炉内取出流化床反应器。卸下反应器的上盖，填装 120mm 高的ϕ3 圆柱形陶瓷环（直径 3mm 圆柱形陶瓷环，57.67mL），放入流化板（直径 26mm，304 不锈钢，孔径 60～70μm，厚 5mm，ϕ3 的固定孔朝上），将热电偶盲端顶到流化板中心固定孔处，填装 25mm 高的催化剂（20 目催化剂，体积 20mL），再上紧法兰盖与反应器的螺栓，接好进、出口接头。

(2) 气密性检验

关闭流化床出口阀，通入氮气至 0.1MPa。关闭进口阀，观察压力表 5min 内不下降为合格。否则要用毛刷涂肥皂水在各接点涂拭，找出漏点重新处理后再次试漏，直至合格为止。打开盲死的管路，可进行实验。

注意：在试漏前首先确定反应介质是气体、液体还是两者。如果仅仅是气体就要盲死液体进口接口。不然，在操作中有可能会在液体加料泵管线部位发生漏气。

(3) 升温与实验

升温前必须检查热电偶和加热电路接线是否正确，检查无误后方可开启电源总开关和分开关，设定预热器温度、反应器温度，值得注意的是在操作中程序升温速度不宜过快（每分钟 3～5℃为宜），过快会造成加热炉丝的热量来不及传给反应器，因过热而烧毁炉丝。反应加热炉是四段加热，每段温度给定并不相同，一般是下段和中段设定温度较高。当给定值和参数值都设定后控制效果不佳时，可将控温仪表参数再次进行自整定。同样当改变流速时床内温度也会改变，故调节温度一定要在固定的流速下进行。注意，当温度达到恒定值后要拉动测温热电偶，观察温度的轴向分布情况。此时，由于在流化状况下床层高度膨胀，在这个区域内的温差不大，超过这个区域则温度明显下降。以恒温区的长度可大致获得流化床的浓相段高度。如果测出温度数据在床的底部偏低，说明惰性填料的填装高度不够高，或预热温度不够高，提高预热温度或增加惰性物料高度都能改善。最后将热电偶放至恒温区内。当达到所要求的反应温度时，可开动泵进液，同时观察床内温度变化。

待温度持续稳定 10min 后即可进原料液无水乙醇，进液速度 0.4～1.0mL/min，氮气流速 500～800 mL/min。

反应进行 10min 后，正式开始实验，每隔一定时间记录床层温度，每个流量下反应 30min，取出气液分离器中的液体称重，并进行色谱分析。

在实验期间配制合适浓度的水、无水乙醇、无水乙醚的标准溶液，并对标准溶液进行色谱分析，以确定水、无水乙醇、无水乙醚的相对校正因子，为后续反应残液的定量分析做准备。

依次改变乙醇的加料速度为 0.8 mL/min、1.0 mL/min，重复上述实验步骤，则得到不同加料速度下的原料转化率、产物乙烯收率、副产物乙醚的生成速率等。

反应中要定时取气样和液样进行分析（在分离器下部放出液样）。

3. 釜式反应器操作

(1) 安装与试压

卸下冷凝器和进口管路，用扳手小心将釜的紧固螺帽松开卸下，将釜盖打开，擦拭釜内，加入一定量液体后扭紧螺帽，拧紧过程中保证所有螺丝扭力相同，将所有连接处拧紧后在进气口充氮气至 6MPa，关闭阀门，5min 内压力不下降为合格。如压力下降要用肥皂水涂拭各接口处查漏，直至压力不下降为止，可进行实验。

将各部分的控温、测温热电偶放入相应位置的孔内。检查操作台板面各电路接头，检查各接线端子与线上标记是否吻合。检查仪表柜内接线有无脱落，电源的相、零、地线位置是否正确。

(2) 加料及实验

进行间歇反应时，要打开釜的加料口（加料口卸下接头将入口露出），根据实验条件将反应原料，加入反应器内。本实验可按照一定比例加入乙酸、乙醇以及50mL固体酸催化剂颗粒。

进行连续反应时，需提前装入釜内一定体积的惰性溶剂或者其中一种液体反应物，反应原料气可经过流量计计量，反应原料液经过计量泵计量后，进入预热器，最后经釜的进气口进入釜内，从插底口流出发生反应，产生的蒸汽经冷凝器冷凝，气液相在气液分离器内发生分离，尾气经背压阀背压后排出。

(3) 控制

开机前先接通搅拌冷却水，运行过程及温度较高的情况下冷却水要保证一直开通，防止内转子高温退磁，磁力耦合传动器应使用单独的冷却水系统，严禁冷却水经过釜内冷却盘管循环后进入磁力耦合传动水套内。

开启釜总开关。调节电机的转速以及釜的加热温度，并给冷凝器通冷却水。

(4) 停止操作

停止操作时，关闭釜加热开关，需冷却时通冷却水可急速降温。由于釜保温较好，釜降温较慢。

六、催化剂的活性参数以及活化再生

催化剂活性参数如表4-3所示。

表4-3 催化剂活性参数

催化剂种类	最佳乙烯收率温度/℃	预热器温度/℃	乙醇进液量/(mL/min)
ZSM-5分子筛	200～300	120～150	0.4～1.0
活性氧化铝	350～370	120～150	0.4～1.0

1. 乙醇脱水催化剂的再生活化方法

分子筛作为乙醇脱水催化剂，一般使用寿命较长，能超过半年，多由操作不当或其他原因造成催化剂失活，需要再生，再生方案如下：

在通氮气（流量控制在100mL/min）、空气（流量控制在100 mL/min以下）条件下，给反应床升温，温度由室温到400℃逐渐升高，最后达到500℃，停留2h，总时长5h，降温后待用。

2. 苯加氢催化剂的再生活化方法

条件：常压，空速$100h^{-1}$，升温速率50℃/h。当温度达到150℃时恒温2h，再升温，当温度达到250℃时恒温4h，无水产生后开始降温，至达到加氢反应条件温度时加物料。使用时，温度在130～160℃催化剂的活性最好。

3. 乙酸乙酯合成专用催化剂的再生活化方法

该催化剂是专为乙酸乙酯合成反应而开发的固体颗粒催化剂，使用寿命较长，一般不可再生，每次用过后，可先过滤，然后浸泡在无水乙醇里，以便下次取用。下次取用时捞出风干即可，因该催化剂是专用催化剂，用于其他反应效果并不理想，故不建议将其用于其他反应。

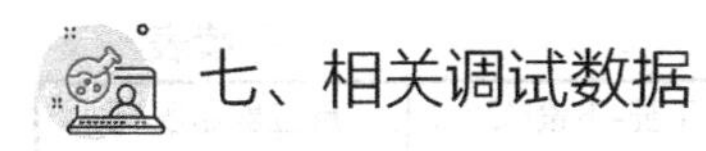

七、相关调试数据

1. 固定床苯加氢实验

(1) 催化剂添加量

将催化剂 HTB-1H（辽宁海泰科技）粉碎至 20～40 目，称取 7g，并量其体积约 9mL，将其装入反应管，记录床层高度和位置。

(2) 开车前设定参数值

氢气流量：100mL/min

中段	上段	下段
SP1：20 *t*1：180 SP2：160 *t*2：120 SP3：160 *t*3：120 SP4：260 *t*4：300 SP5：260 *t*5：121.0	SP1：20 *t*1：180 SP2：160 *t*2：120 SP3：160 *t*3：120 SP4：260 *t*4：300 SP5：260 *t*5：121.0	SP1：20 *t*1：180 SP2：160 *t*2：120 SP3：160 *t*3：120 SP4：260 *t*4：300 SP5：260 *t*5：121.0

(3) 记录数据

记录温度（均记录各控温仪表上面红色的数字，不计绿色数字），开始加热后，每隔 20min 记录一次温度值，填入表 4-4。

表 4-4 温度记录数据表

时间/min		上显-上设/℃		中显-中设/℃		下显-下设/℃		反应器温度/℃
第一段升温	0	19.8	20	20.4	20	19.5	20	21.4
	10	31.6	28.7	28.1	28.7	28.3	28.7	24.6
	20	38.5	35.5	35.3	35.5	35	35.5	29.5
	40	53.6	52.8	52.6	52.8	52.3	52.8	43.3
	60	65.1	66.3	65.8	66.4	66	66.4	55.4
	80	81.5	81.9	81.4	81.9	81.5	81.9	70.5
	100	98.4	98.7	98.4	98.7	98	98.7	87.1
	120	114.4	113	112.4	113	112.5	113	101.2
	140	132.4	129.7	129	129.7	129.2	129.7	117.9
	160	143.7	145	144	145	144.9	145	134.8
	180	161.4	159.9	159.1	159.9	159.5	159.9	149.2
恒温120min	200	164.4	160	160.6	160	160.4	160	156.1
	240	163.7	160	160.5	160	160.2	160	158.2
	280	160.6	160	160.7	160	160.2	160	159
	300	163.1	160	160.6	160	160.4	160	158.5
第二段升温	320	173.8	174.9	174.4	174.9	174.6	174.9	166.8
	340	192.5	194.3	193.5	194.3	193.5	194.3	184.6
	360	211.2	212.9	212.2	212.9	211.9	212.9	203.4
	380	253.7	230	229.2	230	229.8	230	221
	410	266	251.5	250.8	251.5	250.7	251.5	242.7
	420		260	260.2	260	260.4	260	255.8

续表

时间/min		上显-上设/℃		中显-中设/℃		下显-下设/℃		反应器温度/℃
恒温300min	440	264.3	260	260.3	260	260.2	260	257.5
	460	264	260	260.1	260	259.7	260	258.4
	480	264.2	260	260.3	260	260.1	260	257.4
	540	260.4	260	260.3	260	260.2	260	257.8
	600	259.4	260	260.5	260	259.7	260	257.9
	660	264.7	260	260.3	260	259.9	260	257.4
	720	262.7	260	260	260	262	260	258.1

(4) 降温

将炉子加热旋钮关闭，停止加热，并将炉子门打开，以加快散热速度。待测温仪表显示温度值低于100℃后，关闭氢气钢瓶阀，依次关闭电控柜的各开关，切断电源。

(5) 泵的标定

通常情况下，泵在出厂前已经完成标定，此标定过程可以省去。当泵使用时间较长、内部有磨损时需要进行标定。

本实验的原料液为液体苯，因苯有毒，而乙醇与苯的密度相近，故用分析纯的乙醇代替苯对泵进行标定。标定过程如下：

开启设备总电源，开启泵电源，启动泵预热 10min，将泵吸液软管接到乙醇试剂瓶中，泵出口软管接到 10mL 量筒上方。

设定转速，按泵开关按钮，同时用秒表计时，进行标定实验。

重新设定转速，按泵开关按钮，同时用秒表计时，进行标定实验。

做 5 个点，描点连线，即得到泵的标定曲线。液体实际流量要用该标定曲线进行校正，校正后的流量值才是液体苯的实际流量。

(6) 参数计算过程

实验要求苯和氢气物质的量比为 1∶6，当设定苯的流量为 0.1mL/min 时，计算过程如下：

已知苯的密度ρ=0.8786g/mL，苯的摩尔质量M=78.11g/mol。

苯的摩尔流量

$$N_{苯}=\frac{0.1\times0.8786}{78.11}\text{mol/min} \tag{4-11}$$

氢气的摩尔流量

$$N_{氢气}=6N_{苯} \tag{4-12}$$

标准状况下氢气的体积流量 $V_{氢气}$=22.4×$N_{氢气}$×1000mL/min (4-13)

而质量流量计中显示的流量值即为标准状况下的流量值。

经计算得到物质的量比为 1∶6 的苯和氢气的流量对应关系如表 4-5。

通过对实验得到的液态样品进行取样色谱检测，最终所得的环己烷的质量分数为 98%，苯的质量分数为 2%（忽略苯的副反应产物），利用公式可计算出苯的摩尔转化率约为 97.8%。

2. 流化床乙醇脱水实验

乙醇脱水实验调试记录如表 4-6 所示。

表 4-5　苯和氢气的流量对应关系

苯的流量/(mL/min)	氢气流量/(mL/min)
0.1	150
0.2	300
0.3	450
0.4	600
0.5	750
0.6	900

表 4-6　乙醇脱水实验调试记录表

条件：脱氢专用催化剂，20mL，20～60 目

N_2流量/(mL/min)	反应温度/℃	乙醇流量/(mL/min)	乙醇转化率/%
500	400	0.6	93.18019091
600	400	0.6	99.22956885
700	400	0.6	99.89726098

八、数据分析与讨论

分析影响不同类型反应器产物收率的主要因素。

九、思考题

1. 总结各种反应器的优点，结合工业实际，指出各种反应器在工业上所适用的场合有哪些。
2. 乙醇脱水机理是什么?
3. 流化床有哪些不正常现象？如何克服?

实验三　超滤、纳滤、反渗透组合膜分离实验

一、实验目的

1. 了解超滤膜、纳滤膜、反渗透膜的结构特点与操作方法。
2. 通过实验掌握三种不同膜的分离原理和工艺过程。
3. 反渗透可用于小分子盐类的脱除，纳滤能用于钙镁离子的脱除，超滤膜可用于大分子量蛋白质的浓缩与分离。
4. 根据进水、浓水和纯水的流量及含盐量，计算系统回收率、溶质截留率。

二、实验原理

超滤、纳滤、反渗透三种分离方法均是以压力差为推动力的液相膜分离法。

1. 超滤（UF）

过滤精度在 0.001～0.1μm，可滤除水中的铁锈、泥沙、悬浮物、胶体、细菌、大分子有机物等物质，并能保留对人体有益的一些矿物质元素。超滤不需要加压，仅依靠自来水压力就可进行过滤，使用成本低。对于超滤分离原理，一种广泛的说法是“筛分”理论。该理论认为，膜表面具有无数微孔，这些实际存在的不同孔径的孔眼像筛子一样，截留住了分子直径大于孔径的溶质和颗粒，从而达到分离的目的。应当指出的是，若超滤完全用“筛分”的概念来解释，则会非常含糊。在有些情况下，似乎孔径大小是物料分离的唯一支配因素；但对另一些情况，超滤膜材料表面的化学特性却起到了决定性的截留作用。如有些膜的孔径既比溶剂分子大，又比溶质分子大，本不应具有截留功能，但令人意外的是，它却仍具有明显的分离效果。由此可知，比较全面的解释是：在超滤膜分离过程中，膜的孔径大小和膜表面的化学性质等将分别起着不同的截留作用。

2. 纳滤（NF）

截留分子量 200～1000，过滤精度介于超滤和反渗透之间，对 NaCl 的脱除率在 90%以下，反渗透膜几乎对所有的溶质都具有很高的脱除率，但 NF 膜只对特定的溶质具有高脱除率，脱盐率比反渗透膜低。纳滤膜具有很强的选择性截留作用，对不同价态离子的截留能力差异很大，体现出纳滤膜具有极高的选择性透过的性能。其传质机理为溶解-扩散方式，由于纳滤膜大多为荷电膜，其对无机盐的分离行为不仅受化学势梯度控制，同时也受电势梯度影响。

3. 反渗透（RO）

过滤精度为 0.0001μm 左右，是美国 20 世纪 60 年代初研发的一种超高精度的利用压差的膜法分离技术。几乎可滤除水中的一切杂质（包括有害的和有益的），只能允许水分子通过。也就是说在用反渗透膜制水的过程中，一定会损耗 50%以上的自来水。反渗透技术需要加压，流量小，其对水的利用率虽然低，但能有效去除各种杂质、超细病菌。

三、实验装置

实验装置工艺流程如图 4-9 所示。

1．主要符号说明

V01 为原水水箱，V02 为透过液水箱；

VA01 为主管道流量调节阀，VA02、VA03、VA04 分别为三支膜的进水阀，VA05、VA06、VA07 分别为三支膜的浓缩液出口阀，VA08、VA09、VA10 分别为三支膜的透过液出口阀，VA11 为保护液出口阀，VA12 为透过液取样阀或管道放净阀，VA13 为浓缩液取样阀或管道放净阀，VA14、VA16 分别为原水箱和透过液水箱的放净阀，VA15 为透过液取用阀；

KI01 为原溶液电导率，KI02、KI03、KI04 分别为反渗透膜、纳滤膜、超滤膜透过液电导率。

2. 装置参数

反渗透膜：聚酰胺复合膜，膜面积 1.4m^2，允许最高温度 45℃，长期运行允许 pH 范围 4～10。

纳滤膜：聚酰胺复合膜，膜面积 1.3m^2，允许最高温度 45℃，截留分子量 200，长期运行允许 pH 范围 4～10；此系列纳滤膜对不同价态离子截留能力差异很大，具有很强的选择透过性能。特别在降低硬度方面截留率可达 98%，水质软化性能优异。

超滤膜：聚醚砜材质，膜面积 1.4 m^2，截留分子量10000，常规运行压力 0.2～0.8MPa，运行温度 5～55℃。

本实验装置将超滤、纳滤、反渗透三种卷式膜组件并联于系统，根据分离要求选择不同膜组件单独使用，可用于对不同种类膜组件的学习，也可用于溶液的浓缩分离，适用范围广。其组合膜过程可分离分子量为几十的离子物质到分子量为几十万的蛋白质分子。本装置设计紧凑，滞留量小，系统可提供压力范围为 0～1MPa，建议操作压力范围为 0～0.6MPa。

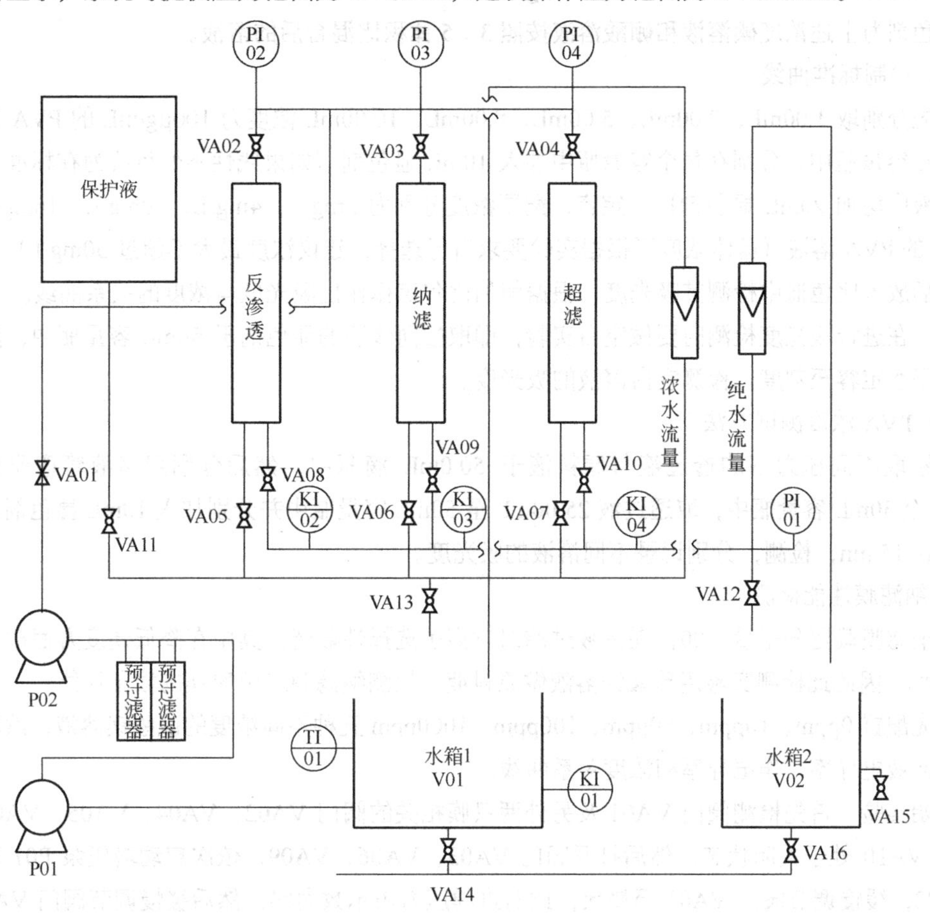

图 4-9　超滤、纳滤、反渗透组合膜分离实验装置流程图

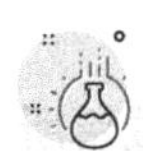

四、实验操作步骤

1. 超滤膜性能测试

超滤膜性能的测试以质量浓度为 100μg/mL (ppm) 左右的聚乙烯醇 (PVA) 溶液为备用液，PVA 与特定显色剂反应生成蓝绿色络合物，此络合物在波长为 690nm 处有一最大吸收，因此测

此络合物的吸光度可直接求出溶液中聚乙烯醇的含量。通过测定原料液和透过液中 PVA 的浓度，计算超滤膜对 PVA 的截留率。

（1）配浓度 50ppm 的原料液

首先根据水箱中去离子水的体积，称量浓度 50ppmPVA 溶液所需 PVA 的质量，将 PVA 固体加入适量冷水中充分溶胀，然后边搅拌边升温到 95℃以上加速溶解，将充分溶解后的 PVA 溶液加入水箱，搅拌均匀后备用。

（2）显色剂的配置

0.006mol/L 碘溶液：称取 0.15g 碘、0.45gKI，定容到 100mL 的容量瓶中。

0.64mol/L 硼酸溶液的配置：称取 3.96g 硼酸定容到 100mL 的容量瓶中。

显色剂为上述浓度碘溶液和硼酸溶液按照 3∶5 体积比混合后的溶液。

（3）绘制标准曲线

首先分别取 1.00mL、2.00mL、5.00mL、8.00mL、10.00mL 浓度为 100μg/mL 的 PVA 溶液于 50mL 容量瓶中，分别在每个容量瓶中加入 10mL 显色剂（如果线性不好可改为在标准溶液和待测液中均加 20mL 显色剂），定容，配置浓度分别为 2mg/L、4mg/L、10mg/L、16mg/L、20mg/L 的 PVA 溶液（具体浓度可根据实验要求自行选择，建议浓度最大不超过 50mg/L），充分混合后放入比色皿中检测其吸光度，根据朗伯比尔定律作出吸光度与浓度的关系曲线。

注：在进行吸光度检测时要做空白实验，即取相同体积的显色剂于 50mL 容量瓶中，然后加去离子水定容至刻度，检测空白溶液的吸光度。

（4）PVA 浓度测试方法

分别取不同压力下的透过液与原料液于 50.0mL 滴瓶中，然后分别用移液管取原料液 5.00mL 至 50mL 容量瓶中，取透过液 25.00mL 至 50mL 容量瓶中并分别加入 10mL 显色剂，定容，显色 15min，检测，分别记录不同溶液的吸光度。

2. 纳滤膜性能检测

此纳滤膜截留分子量 200，在溶液过滤时对离子选择性截留，其中在降低硬度方面截留率可达 98%，因此此检测实验用硫酸镁溶液做原料液，检测纳滤膜对硫酸镁的截留性能。

首先配置 0ppm、10ppm、50ppm、100ppm、1000ppm 五种不同浓度的硫酸镁溶液，然后测定不同溶液电导率，作电导率和浓度关系曲线。

开始实验：首先检测阀门 VA01 及另外两只膜相关的阀门 VA02、VA04、VA05、VA07、VA08、VA10 处于关闭状态，然后打开阀门 VA03、VA06、VA09，依次启动增压泵 P01 和高压泵 P02，缓慢调节阀门 VA01 至最大，此时进膜压力表示数为零，然后缓慢调节阀门 VA06，增加进膜压力（膜元件进水要逐渐升压，升压到正常状态的时间不少于 60s），分别记录不同进膜压力下浓水流量、纯水流量和电导率示数 KI01 和 KI03。根据电导率示数带入标准曲线，计算纳滤膜对溶质的截留率。

3. 反渗透膜性能检测

反渗透膜能截留粒径大于 0.0001μm 的物质，是最精细的一种膜分离产品，其能有效截留所有溶解盐分及分子量大于 100 的有机物，同时允许水分子通过。此 RO（反渗透）膜性能检测用氯化钠溶液作原料液，测定不同压力下 RO 膜对氯化钠的截留率。

首先配置 0ppm、10ppm、50ppm、100ppm、1000ppm 五种不同浓度的氯化钠溶液，然后测定不同溶液电导率，作电导率和浓度关系曲线。

开始实验：首先检测阀门 VA01 及另外两只膜相关的阀门 VA03、VA04、VA06、VA07、VA09、VA10 处于关闭状态，然后打开阀门 VA02、VA05、VA08，依次启动增压泵 P01 和高压泵 P02，缓慢调节阀门 VA01 至最大，此时进膜压力表示数为零，然后缓慢调节阀门 VA05，增加进膜压力（膜元件进水要逐渐升压，升压到正常状态的时间不少于 60s），分别记录不同进膜压力下浓水流量、纯水流量和电导率示数 KI01 和 KI02。根据电导率示数带入标准曲线，计算 RO 膜对溶质的截留率。

4. 膜的清洗与维护

（1）膜组件清洗

由于膜适用范围广泛，处理介质复杂。在处理料液过程中，膜表面会存在不同程度的污染。清洗周期越短，膜性能恢复越好，其使用寿命越长。清洗方式主要分为物理清洗和化学清洗。

① 物理清洗。一般每次实验结束或每批料液处理完后，用清水将膜组件内残余料液清洗干净，用清水以一定流速通过纤维外表面（进膜压力不超过 0.4MPa），将污染物洗出，时间 20～30min。

② 化学清洗。如果物理清洗不能达到理想的水质和产水量，可采取化学清洗法。可用质量分数 1%的柠檬酸钠溶液，调节 pH=2.5（氨水调节），去除金属氢氧化物和碳酸钙等酸溶解类物质。也可用三聚磷酸钠或磷酸三钠等配置质量分数 1%、pH=10～11 的溶液进行清洗，其主要用于去除有机类物质和微生物黏胶层。清洗时进膜压力不超过 0.4MPa。

（2）膜组件的维护

若系统停机时间不超过 7 天，要用不含氧化剂的水冲洗系统至少 30min，然后在系统充满冲洗液的情况下关闭所有进出口阀门。当水温超过 20°C时，每日重复上述步骤一次。温度低于 20°C时，每 2 日重复上述冲洗步骤一次。

若系统停机时间超过 7 天，按正常流程将膜清洗完之后，用质量分数 0.5%～1%的亚硫酸氢钠溶液充满膜组件，关闭所有进出口阀门，每 30 天重复上述步骤 2～3 次。

操作方法：保护液罐内加满保护液，依次打开阀门 VA05、VA06、VA07、VA11，然后打开膜组件原液进口卡箍，保护液会依次流入各个膜组件内。待保护液罐液位不变时关闭阀门 VA11、VA05、VA06、VA07，然后打开阀门 VA13 将管路中的液体放净。

长时间未用且含有亚硫酸氢钠溶液的膜组件重新开机后，将透过液直接运行排放 1h，确保透过液中不含残余保护液。

五、实验注意事项

1. 在打开膜组件进水开关时，确保膜组件浓水和产水侧开关处于打开状态，即使在调节进膜压力时，浓水侧开关也不能全关。

2. 调节进膜压力时一定要缓慢进行，防止压力瞬间增大，对膜组件造成损害。

3. 增压泵在运行时有发热现象，属于正常状态。

4. 实验结束后，将两个水箱的水放净。

六、思考题

1. 在打开膜组件进水开关时，要确保膜组件浓水和产水侧开关处于打开状态，为什么？
2. 为什么调节进膜压力时一定要缓慢进行？
3. 简述超滤膜、纳滤膜、反渗透膜的结构特点。

实验四　多功能特殊精馏实验

一、实验目的

1. 熟悉填料塔的结构、流程及各部件的结构作用。
2. 了解精馏塔的正确操作，学会处理各种不正常情况下的调节。
3. 通过制备无水乙醇加强并巩固对特殊精馏过程的理解。
4. 学会对精馏过程作全塔物料衡算。
5. 了解精馏过程的常减压操作、间歇操作与连续操作过程。

二、实验原理

1. 恒沸精馏

在常压下，用常规精馏方法分离乙醇-水溶液，最高只能得到浓度为 95.57%（质量分数）的乙醇。这是乙醇与水形成恒沸物的缘故，其恒沸点为 78.15℃，与乙醇沸点 78.30℃十分接近，形成的均相最低恒沸物。而浓度 95%左右的乙醇常被称为工业乙醇。

由工业乙醇制备无水乙醇，可采用恒沸精馏的方法。在实验室中对恒沸精馏过程的研究，包括以下几个内容。

(1) 夹带剂的选择

恒沸精馏成败的关键在于夹带剂的选取，一个理想的夹带剂应该满足：

① 必须至少与原溶液中一个组分形成最低恒沸物，且此恒沸物比原溶液中的任一组分的沸点或原来的恒沸点低 10℃以上。

② 在形成的恒沸物中，夹带剂的含量应尽可能少，以减少夹带剂的用量，节省能耗。

③ 回收容易，一方面希望形成的最低恒沸物是非均相恒沸物，可以减少分离恒沸物所需要的萃取操作等；另一方面，在溶剂回收塔中，应该与其他物料有相当大的挥发度差异。应具有较小的汽化潜热，以节省能耗。

④ 价廉、来源广、无毒、热稳定性好与腐蚀性小等。

对由工业乙醇制备无水乙醇来说，适用的夹带剂有苯、正己烷、环己烷、乙酸乙酯等。它们都能与水-乙醇形成多种恒沸物，而且其中的三元恒沸物在室温下又可以分为两相，一相富含夹带剂，另一相富含水，前者可以循环使用，后者又很容易分离出来，这样使得整个分离过程大为简化。表 4-7 给出了几种常用的夹带剂及其形成三元恒沸物的有关数据。

表 4-7 常压下夹带剂与水、乙醇形成三元恒沸物的数据

组分			各纯组分沸点/℃			恒沸温度/℃	恒沸组成（质量分数）/%		
1	2	3	1	2	3		1	2	3
乙醇	水	苯	78.3	100	80.1	64.85	18.5	7.4	74.1
乙醇	水	乙酸乙酯	78.3	100	77.1	70.23	8.4	9.0	82.6
乙醇	水	三氯甲烷	78.3	100	61.1	55.50	4.0	3.5	92.5
乙醇	水	正己烷	78.3	100	68.7	56.00	11.9	3.0	85.1

本实验采用正己烷为夹带剂制备无水乙醇。当正己烷被加入乙醇-水系统以后，可以形成四种恒沸物：乙醇-水-正己烷三者形成一个三元恒沸物，它们两两之间又可形成三个二元恒沸物。它们的恒沸物性质如表 4-8 所示。

表 4-8 乙醇-水-正己烷三元系统恒沸物性质

物系	恒沸点/℃	恒沸组成（质量分数）/%			在恒沸点分相液的相态
		乙醇	水	正己烷	
乙醇-水	78.15	95.57	4.43		均相
水-正己烷	61.55		5.6	94.40	非均相
乙醇-正己烷	58.68	21.02		78.98	均相
乙醇-水-正己烷	56.00	11.98	3.00	85.02	非均相

(2) 精馏区的选择

形成恒沸物系统的精馏进程与普通精馏不同，表现在精馏产物不仅与塔的分离能力有关，而且与进塔总组成落在哪个浓度区域有关。因为精馏塔中的温度沿塔向上逐板降低，不会出现极值点。只要塔的分离能力（回流比，塔板数）足够大，塔顶产物可为温度曲线上的最低点，塔底产物可为温度曲线上的最高点。因此，当温度曲线在全浓度范围内出现极值点时，该点将成为精馏路线通过的障碍。于是，精馏产物按混合液的总组成分区，称为精馏区。当添加一定数量的正己烷于工业乙醇中蒸馏时，整个精馏过程可以用图 4-10 加以说明。图上 A、B、W 点分别表示乙醇、正己烷和水的纯物质，C、D、E 点分别代表三个二元恒沸物，T 点为 A-B-W 三元恒沸物。曲线 BNW 为三元混合物在 25℃时的溶解度曲线。曲线以下为两相共存区，以上为均相区，该曲线受温度的影响而上下移动。图中的三元恒沸物组成点 T 在室温下处在两相区内。以 T 点为中心，连接三种纯物质组成点 A、B、W 和三个二元恒沸物组成点 C、D、E，则该三角形相图被分成六个小三角形。当塔顶混相回流（即回流液组成与塔顶上升蒸汽组成相同）时，如果原料液的组成落在某个小三角形内，那么通过间歇精馏只能得到这个小三角形三个顶点所代表的物质。为此要想得到无水乙醇，就应保证原料液的总组成落在包含顶点 A 的小三角形内。但由于乙醇-水的二元恒沸点与乙醇沸点相差极小，仅 0.15℃，很难将两者分开，而乙醇-正己烷的恒沸点与乙醇的沸点相差 19.62℃，很容易将它们分开，所以只能将原料液的总组成配制在三角形 ATD 内。图中 F 代表乙醇-水混合物的组成，随着夹带剂正己烷的加入，原料液的总组成将沿着 FB 线而变化，并将与 AT 线相交于 G 点。这时，夹带剂的加入量称作理论夹带剂用量，它是达到分离目的所需最少的夹带剂用量。如果塔有足够的分离能力，则间歇精馏时三元

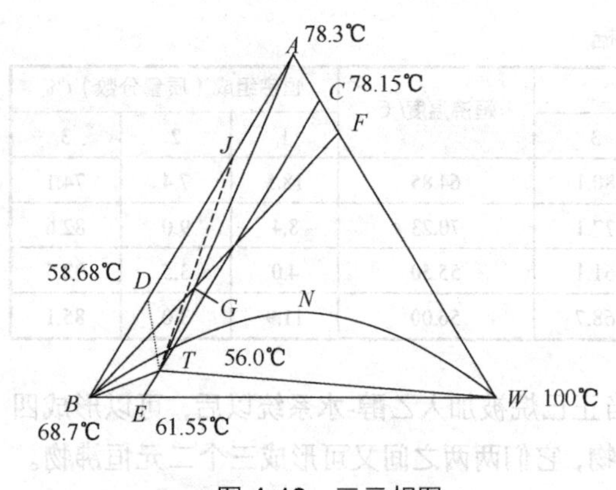

图 4-10 三元相图

恒沸物从塔顶馏出（56℃），釜液组成沿着 *TA* 线向 *A* 点移动。但实际操作时，往往夹带剂过量，以保证塔釜脱水完全。这样，当塔顶三元恒沸物 T 出完以后，出沸点略高于它的二元恒沸物，最后塔釜得到无水乙醇，这就是间歇操作特有的效果。倘若将塔顶三元恒沸物（图中 *T* 点，56℃）冷凝后分成两相，一相为油相富含正己烷，一相为水相，利用分层器将油相回流，这样正己烷的用量可以低于理论夹带剂的用量。分相回流也是实际生产中普遍采用的方法，它的突出优点是夹带剂用量少，夹带剂提纯的费用低。

(3) 夹带剂的加入方式

夹带剂一般可随原料一起加入精馏塔中，若夹带剂的挥发度比较低，则应在加料板的上部加入，若夹带剂的挥发度比较高，则应在加料板的下部加入。目的是保证全塔各板上均有足够的夹带剂浓度。

(4) 恒沸精馏操作方式

恒沸精馏既可用连续操作，又可用间歇操作。

(5) 夹带剂用量的确定

夹带剂理论用量的计算，可利用三角形相图按物料平衡式求解。若原溶液的组成为 *F* 点，加入夹带剂 B 以后，物系的总组成将沿 *FB* 线向着 *B* 点方向移动。当物系的总组成移到 *G* 点时，恰好能将水以三元恒沸物的形式带出，以单位原料液 F 为基准，对水作物料衡算，得：

$$DX_{\text{D水}} = FX_{\text{F水}} \tag{4-14}$$

$$D = FX_{\text{F水}} / X_{\text{D水}} \tag{4-15}$$

夹带剂 B 的理论用量为：

$$B = DX_{\text{DB}} \tag{4-16}$$

式中 F——进料量，kg；

D——塔顶恒沸物量，kg；

B——夹带剂理论用量，kg；

$X_{\text{F}i}$——i 组分的原料组成，%（质量分数）；

$X_{\text{D}i}$——塔顶恒沸物中 i 组分的组成，%（质量分数）。

夹带剂用量计算举例：

原料液为 95%（体积分数）（质量分数为 93.57%）的乙醇-水溶液，若取 200g 进行恒沸精馏，已知塔顶恒沸物中水的组成为 3.0%（质量分数），塔顶恒沸物中夹带剂的组成为 85.02%（质量分数）。理论上需要的夹带剂正己烷的最小量为：

$$B = \frac{X_{\text{F水}}}{X_{\text{D水}}} FX_{\text{DB}} = \frac{1-93.57\%}{3\%} \times 200 \times 85.02\% = 364.4\text{g}$$

2. 萃取精馏

萃取精馏是精馏操作的特殊形式，在被分离的混合物中加入某种添加剂，以增加原混合物中两组分间的相对挥发度（添加剂不与混合物中任一组分形成恒沸物），从而使混合物的分离变得容易。所加入的添加剂为挥发度很小的溶剂（萃取剂），其沸点高于原溶液中各组分的沸点。

萃取精馏方法对相对挥发度较低的混合物来说是有效的。例如异辛烷-甲苯混合物相对挥发度较低，用普通精馏方法不能分离出较纯的组分。当使用苯酚作萃取剂，在近塔顶处连续加入后，则改变了物系的相对挥发度，由于苯酚的挥发度很小，可和甲苯一起从塔底排出，通过另一普通精馏塔将萃取剂分离。再如甲醇-丙酮有共沸组成，用普通精馏方法只能得到最大浓度87.9%的丙酮共沸物，当采用极性介质水作萃取剂时，同样能破坏共沸状态，水和甲醇在塔底流出，则甲醇被分离出来。又如水-乙醇用普通精馏方法只能得到最大浓度 95.57%的乙醇，采用乙二醇作萃取剂时能破坏共沸状态，乙二醇和水在塔底流出，则水被分离出来。

萃取精馏的操作条件是比较复杂的，萃取剂的用量、料液比例、进料位置、塔的高度等对萃取精馏都有影响。可通过实验或计算得到最佳值。萃取剂的选择原则有：（1）选择性高；（2）用量少；（3）挥发度小；（4）容易回收；（5）价格便宜。

乙醇-水二元体系能够形成恒沸物（在常压下，恒沸物中乙醇的质量分数为 95.57%，恒沸点为 78.15℃），用普通的精馏方法难以完全分离。本实验以乙二醇为萃取剂，利用萃取精馏的方法分离乙醇-水二元混合物，从而制取无水乙醇。

由化工热力学研究可知，压力较低时，原溶液组分 1（轻组分）和 2（重组分）的相对挥发度可表示为（p 为饱和蒸气压；γ 为挥发度）：

$$\alpha_{12} = \frac{p_1^s \gamma_1}{p_2^s \gamma_2} \tag{4-17}$$

加入萃取剂 S 后，组分 1 和 2 的相对挥发度 $(\alpha_{12})_S$ 则为：

$$(\alpha_{12})_S = \left(\frac{p_1^s}{p_2^s}\right)_{TS} \left(\frac{\gamma_1}{\gamma_2}\right)_S \tag{4-18}$$

式中　$\left(p_1^s / p_2^s\right)_{TS}$——加入萃取剂 S 后，在三元混合物泡点下，组分 1 和 2 的饱和蒸气压之比。

$(\alpha_{12})_S / \alpha_{12}$ 表示溶剂 S 的选择性，因此，萃取剂的选择性是指溶剂改变原有组分间相对挥发度的能力。$(\alpha_{12})_S / \alpha_{12}$ 越大，选择性越好。

3. 反应精馏

反应精馏是随着精馏技术的不断发展与完善而发展起来的一种新型分离技术。对精馏塔进行特殊改造或设计后，采用不同形式的催化剂，可以使某些反应在精馏塔中进行，并同时进行产物和原料的精馏分离，其是精馏技术中的一个特殊领域。

在反应精馏操作过程中，化学反应与分离同时进行，产物通常被分离到塔顶，从而反应平衡被不断破坏，造成反应平衡中的原料浓度相对增加，使平衡向右移动，故能显著提高反应原料的总体转化率，降低能耗。同时，由于产物与原料在反应中不断被精馏塔分离，也往往能得到较纯的产品，减少了后续分离和提纯工序的操作和能耗。此法在酯化、醚化、酯交换、水解等化工生产中得到应用，而且越来越显示出其优越性。

反应精馏过程不同于一般精馏，它既有精馏的物理相变的传递现象，又有物质变性的化学反应现象。在反应精馏过程中，由于反应发生在塔内，反应放出的热量可以作为精馏的加热源，减少了精馏釜加热蒸汽。而在塔内进行的精馏，也可以使塔顶直接得到较高浓度的产品。

本实验为乙醇和乙酸的酯化反应，该反应若无催化剂存在，单独采用反应精馏操作也达不到高效分离的目的，这是因为反应速度非常缓慢，故一般采用催化反应方式。酸是该反应有效的催化剂，常用硫酸，反应随酸浓度增高而加快，浓度为原料乙酸质量的0.2%～0.5%（质量分数），由于其催化作用不受塔内温度限制，故在全塔内都能进行催化反应。乙酸乙酯共沸物的组成与沸点如表4-9所示。

本实验是以乙酸和乙醇为原料，在浓硫酸催化剂作用下生成乙酸乙酯的可逆反应。反应的化学方程式为：

$$CH_3COOH + CH_3CH_2OH \xrightleftharpoons{\text{浓硫酸}} CH_3COOCH_2CH_3 + H_2O$$

表 4-9　乙酸乙酯共沸物的组成与沸点

共沸物沸点/℃	共沸物组成（质量分数）/%		
	乙酸乙酯	乙醇	水
70.2	82.6	8.4	9.0
70.4	91.9		8.1
71.8	69.0	31.0	

4. 普通精馏

精馏是化工工艺过程中重要的单元操作，是化工生产中不可缺少的手段，其基本原理是利用组分的气液平衡关系与混合物之间相对挥发度的差异，将液体升温汽化并与回流的液体接触，使易挥发组分（轻组分）逐级向上提高浓度，而不易挥发组分（重组分）则逐级向下提高浓度。若采用填料塔形式，对二元组分来说，则可在塔顶得到含量较高的轻组分产物，塔底得到含量较高的重组分产物。

三、实验装置

多功能精馏实验装置流程如图4-11所示。

该装置有两套优质玻璃精馏塔，并配备不同塔头，能够完成多种精馏操作。可以实现普通精馏操作，也可实现恒沸精馏、萃取精馏、反应精馏、减压精馏等特殊精馏操作；既可以实现连续操作，也可进行间歇操作。通过多种精馏方式的训练与比较，增强学生对精馏原理的理解。塔体为透明玻璃，可以清晰观察实验现象。塔外壁采用真空或者透明导电膜保温，抵抗热损失。装置采用集约化控制，检测与控温智能化，操作方便易行。塔体侧线留有进、出口，根据实验要求，可选择性供进、出料和取样测温用。塔顶冷凝液体的回流采用摆动式回流比控制器操作，控制系统由塔头上摆锤、电磁铁线圈、回流比计时器电子仪表组成，其控制灵敏准确，回流比可调范围大。塔体通过玻璃法兰连接。塔内可装填不同填料，考察填料性能，进行科学研究。

精馏塔1的精馏柱内径为ϕ20mm，填料层高1.3m，填料为ϕ3mm×3mm玻璃弹簧填料。塔外壁镀透明金属导电膜保温，通电流使塔身加热保温，上下导电膜功率各300W左右。塔釜为1000mL四口的烧瓶，其中的一个口与塔身相连，侧面的一个口为测温口，用于测量塔釜液相温度，另一个口作为釜液溢流/取样口，还有一个口与U形管压差计连接。塔釜配有530W电加热套，加热功率连续可调。经加热沸腾后的蒸汽通过填料层到达塔顶，塔顶冷凝液体的回流采用摆动式回流比控制器操作。

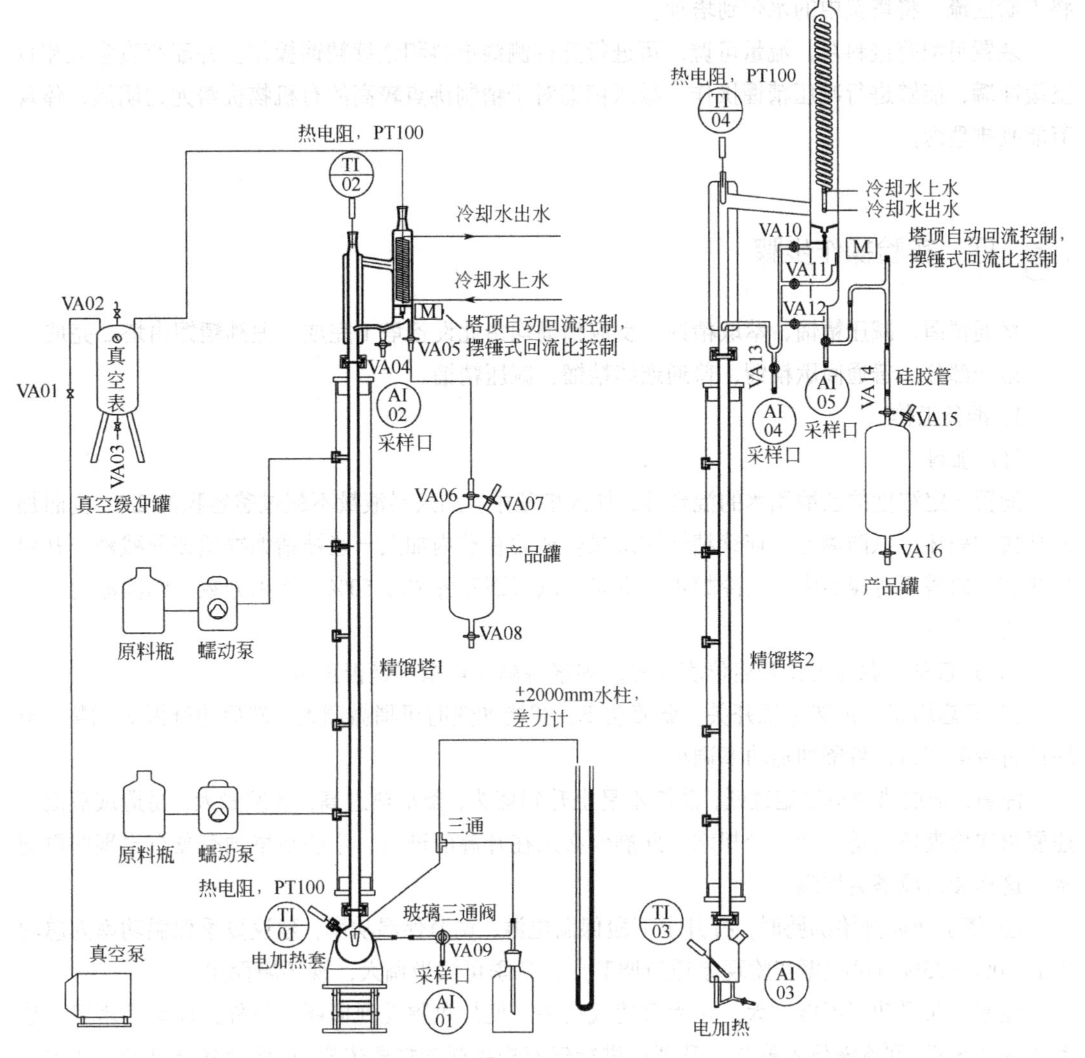

TI01—塔釜 1 温度；TI02—塔顶 1 温度；TI03—塔釜 2 温度；TI04—塔顶 2 温度；
AI01—塔釜 1 取样；AI02—塔顶 1 取样；AI03—塔釜 2 取样；AI04—塔顶 2 回流取样；AI05—塔顶 2 水相取样

图 4-11　多功能精馏实验装置流程图

精馏塔 2 的精馏柱为内径ϕ20mm，填料层高 1.3m，填料为ϕ3mm×3mm 玻璃弹簧填料。塔外壁镀透明金属导电膜保温，通电流使塔身加热保温，上下导电膜功率均为 160W 左右。玻璃塔釜采用特殊设计的 500mL 四口烧瓶，主口与塔身相连，三个侧口分别用来测温、加料、釜液取样。塔釜采用电加热棒加热，加热功率 200W，加热功率连续可调。经加热沸腾后的蒸汽通过填料层到达塔顶，塔顶采用特殊的冷凝头，以满足不同操作方式的需要。塔顶冷凝液流入分相器后，分为两相，上层为油相富含正己烷，下层富含水，油相通过回流头流入塔，间歇操作时为了保证有足够的溢流液位，富水相在实验结束后取出。本装置可以完成分相回流，也可以完成混相回流。混相回流操作时，由摆锤式回流比控制器控制回流比，最初的釜液组成和进料组成均满足三元共沸物共沸剂的配比要求。在做分相回流时，将小于理论用量的夹带剂和待精制的乙醇一起加入塔釜中，开始时先进行简单蒸馏，当塔顶分相器内液面高过回流头，正己烷将不断回流，将塔釜中的水带到塔顶。

装置另配有进料泵，流量可调，可进行五种侧线进料和连续精馏操作。并配有真空泵和真空缓冲罐，能够进行减压精馏操作。减压精馏对于精制沸点较高的有机物优势尤为明显，体现节能减排理念。

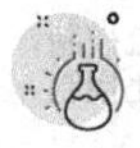

四、实验操作步骤

普通精馏、减压精馏、萃取精馏、反应精馏均由此设备塔 1 完成，恒沸精馏由塔 2 完成。

第一部分：普通间歇精馏、普通连续精馏、减压精馏。

1. 准备工作

(1) 加料

配置一定浓度的乙醇和水的混合液，加入塔釜中，加入料液量不超过釜容积的 2/3，同时加入几粒陶瓷环，以防爆沸。连续精馏初次操作还要在釜内加入一些被精馏物质或釜残液。开启加热前，向塔顶冷凝器中通入冷却水。本装置以精馏乙醇浓度 50%（体积分数）的溶液为例。

(2) 升温

① 开启总电源开关，开启仪表电源，观察各测温点指示是否正常。

② 开启塔釜 1 加热电源开关，调节功率，初始加热时可稍微调大，然后边升温边调整，当塔顶有冷凝液时，将釜加热功率调小。

注意：釜加热功率设定过低，蒸汽不易上升到塔头；釜加热过高，蒸发量大，易造成液泛。还要再次检查塔头是否通入冷却水，此操作必须在升温前进行，不能在塔顶有蒸汽出现时再通水，这样会造成塔头炸裂。

③ 塔釜液体开始沸腾时，打开上下段保温电源，调节保温功率，建议夏季保温功率为总功率的 10%～25%（可根据实验现象适当调节），冬季可适当调大，视环境而定。

注意：保温功率不能过大，过大会造成过热，使加热膜受到损坏，另外，还会因塔壁过热而变成加热器，回流液体不能与上升蒸汽进行气液相平衡的物质传递，反而会降低塔分离效率。

2. 间歇操作

① 塔釜内一次性加入，600mL 浓度为 50%（体积分数）的乙醇水溶液，升温后观察塔釜和塔顶温度变化，当塔顶出现气相并在塔头内冷凝时，进行全回流。

② 待全回流稳定后，开启回流比控制器，并通过调节时间继电器控制回流比数值，通常以秒计，回流比为采出量与回流量之比。

③ 随着精馏的进行，乙醇不断被蒸出，塔釜内乙醇浓度逐渐降低，温度逐渐上升。待釜液温度从 78.3℃迅速上升时，即可认为塔釜内乙醇几乎蒸完，停止加热。

④ 取塔顶、塔釜液检测分析。

3. 连续操作

① 连续精馏初次操作时，先在釜内加入一定体积的低浓度原料液或釜残液，加热全回流，这里加入浓度为 10%（体积分数）的乙醇水溶液 300mL。

② 待全回流稳定后，开启回流比控制器，打开蠕动泵开关，调节一定加料速度，进行连续精馏。当塔底和塔顶温度不再变化时，认为达到稳定，可取样分析并收集，这里，进料速度调

节至 2mL/min，原料液用体积分数 50%的乙醇水溶液。

注意：蠕动泵直观调节的是转速，且蠕动泵出厂数据是按照水来进行标定的，因此换物料后要先进行标定，标定后再换算成体积流量。

③ 在连续精馏过程中，勿忘观察塔釜内液面高度，以及打开塔釜 1 溢流阀 VA09，尽量保持进出物料平衡。

4. 真空操作

① 先将物料倒入塔釜内，密封好瓶塞。这里以 600mL 浓度 50%（体积分数）的乙醇水溶液为例，做间歇精馏。

② 在真空操作前，切记用止水夹关闭塔釜与 U 形管压力计连路，防止 U 形管压力计内的水分倒流到塔釜内，然后开启真空泵，使体系维持在一定真空度内（建议真空表表压在–0.02～–0.01MPa 范围内）。

③ 待全回流稳定后，开启回流比控制器，记录塔釜和塔顶温度，与常压精馏进行对比。

④ 真空操作塔顶取样。当真空操作系统稳定后，通过塔顶取样瓶对塔顶产品进行取样，缓慢打开产品罐上端阀门 VA06，待有一定量产品流入后，关闭 VA06。缓慢打开 VA07 进行压力缓冲，然后打开 VA08 将样品流入小烧杯中。

5. 停止操作

实验结束后，停止进料，如果是真空操作，停止抽真空，关闭真空泵，缓慢打开放空阀 VA02，对系统压力缓冲，待塔头无蒸汽上升时再停止通冷却水。

第二部分：萃取精馏、反应精馏。

1. 萃取精馏

① 首先向萃取塔塔釜内加入少许沸石，以防止釜液爆沸，然后向塔釜内装入 120mL 乙二醇、30mL95%（体积分数）乙醇；向乙二醇原料罐加入 500mL 乙二醇，向另一原料罐内加入 500mL95%（体积分数）的乙醇作为原料。本实验说明以 95%（体积分数）乙醇进料为例。

② 调节蠕动泵转速，使得乙二醇进料速度维持在 2.1mL/min（转速约 8r/min），乙醇水溶液进料速度维持在 1.0mL/min（转速约 5r/min）。乙二醇进料速度不应该超过 8mL/min（转速约 30r/min），乙醇水溶液进料速度不应该大于 4.0mL/min（转速约 20r/min），进料太快会导致上升蒸汽太多，填料层出现液泛现象，分离效果变差。实验过程中如果萃取精馏效果不够理想，可以适当调节乙二醇和乙醇的进料比例为体积比 3∶1。

③ 打开塔顶冷却水，控制适当水流大小，保证冷却效果的同时尽量节约用水。打开并调节电加热套 60%～80%全功率加热，在塔釜温度达到 60℃时，分别开启塔上、下段保温，调节保温电流，建议夏季保温电流为总功率的 10%～25%（可根据实验现象适当调节），冬季可适当调大，视环境而定。其中下段加热电流应该大于上段加热电流，具体参数参考经验值。记录实验开始的时间，每隔 5min 记录塔顶温度、塔釜温度、保温电流、塔釜加热功率一次。当塔顶开始有液体回流时，全回流 5min 后，调节回流比为 2～5，并开始用产品罐收集塔顶流出产品，随时检查进出物料的平衡情况，调整加料速度或加热功率，大体维持塔釜液面稳定。

2. 反应精馏

① 分别用量筒大约量取 170mL 乙酸（99.5%）和 180mL 乙醇（99.7%）加入两只 250mL 烧杯中，并在天平上用滴管继续加入直到乙酸为 180.0g，乙醇为 150.0g，用滴管在乙酸中加入浓硫酸 5～10 滴，然后将乙醇和乙酸一起加入 1000mL 的塔釜中。

注：通常乙醇和乙酸的物质的量比为 1.03～1.05，浓硫酸加入量按应加入乙酸理论质量的比例加入，一般在 0.2%～0.5%（质量分数），加入量越大，反应速度越快。可以根据学生的实验时间来调整浓硫酸的加入量。

② 打开塔顶冷却水，打开并调节电加热套 60%～80%全功率加热，在塔釜温度达到 60℃时，分别开启塔上、下段保温，调节保温电流。记录实验开始的时间，每隔 5min 记录塔顶温度、塔釜温度、保温电流、塔釜加热功率一次。当塔顶开始有液体回流时，全回流 5min 后，调节回流比为 2～5，并开始用产品罐收集塔顶流出产品，随时检查进出物料的平衡情况，调整加料速度或加热功率，大体维持塔釜液面稳定。

第三部分：恒沸精馏。

1. 间歇混相回流操作

① 按三元恒沸组分加料，取 100g95%（体积分数）乙醇、183g 夹带剂正己烷加入 500mL 塔釜中。（此塔釜加料量下，实验时间为 2～3h，加料量可以根据教学课时的长短进行适当调整。塔釜加料可由实验原理部分自行计算投加量。）

② 开启塔顶冷却水、塔釜加热，调节电压给定旋钮，初始加热时可稍微调大，然后边升温边调整，当塔顶有冷凝液时，将釜加热功率调小。

注意：釜加热功率设定过低，蒸汽不易上升到塔头；釜加热功率设定过高，蒸发量大，易造成液泛。还要再次检查是否给塔头通入冷却水，此操作必须在升温前进行，不能在塔顶有蒸汽出现时再通水，这样会造成塔头炸裂。一段时间后，当塔头有冷凝液产生时，全回流 5～10min，待塔顶、塔釜温度稳定之后，调节回流比为 2∶1（回流比可根据实际情况调整）。每隔 5min 记录一次塔顶、塔釜温度。

③ 观察塔釜和塔顶温度，当塔釜温度恒定在乙醇沸点附近并稳定时（测温点受加热器影响，温度会出现高于理论值情况），取塔釜液分析，若釜液浓度达到 99%以上，塔釜内水、正己烷基本被蒸出完毕，就可以停止实验，关闭塔釜加热，关闭回流比控制器。

注意：塔釜温度升高时，塔顶冷凝量出现降低现象，塔顶温度计量不准确，须增大加热功率，保持塔顶冷凝量基本不变。

④ 取样。塔底取样时，打开阀门 AI03 取样，进行色谱分析，检测釜液浓度为 X_A。

将塔顶馏出物中的两相用分液漏斗分离，分别对水相和油相进行称重。用天平称量塔釜产品（包括釜液和取样两部分）的质量。

注意：取样过程中若阀门因温度过高不容易打开时，可以用湿毛巾包住阀门以降温，然后轻轻旋转，以免将旋塞拧坏。

⑤ 分相器内的液体为油水混合物，仔细观察，在分相器的下端有分层，上层为油相（主要成分为正己烷），下层为水相（主要成分为水）。

⑥ 当塔釜、塔顶温度降到 40℃以下，关闭总电源、冷却水，结束实验。

2. 间歇分相回流操作（此实验耗时较长，10h 以上，为选做实验）

① 分相回流夹带剂的加入量小于理论用量。取 200mL95%（体积分数）乙醇、120mL 夹带剂正己烷，加入 500mL 塔釜中。

② 开启塔顶冷却水、塔釜加热，调节电压给定旋钮，开始加热时可稍微调大，然后边升温边调整，当塔顶有冷凝液时，将釜加热功率调小。

注意：釜加热功率设定过低，蒸汽不易上升到塔头，釜加热功率设定过高，蒸发量大，易

造成液泛。还要再次检查是否给塔头通入冷却水，此操作必须在升温前进行，不能在塔顶有蒸汽出现时再通水，这样会造成塔头炸裂

③ 打开阀门 VA10、VA11、VA12，一段时间后，当塔头有冷凝液产生时，全回流 5～10min，关闭阀门 VA12，随着实验的进行，分相器内液体发生分层，待上层油相可以经阀门 VA11 回流到塔内时通过上层溢流完成回流，不断将塔釜内的水带出，待塔顶水相液面高度稳定不变后，塔釜的水已经被带完，可将水相分到产品罐中，再进行简单蒸馏，将塔釜中剩余的正己烷蒸到塔顶。

④ 观察塔釜和塔顶温度，当塔釜温度恒定在乙醇沸点附近并稳定 3～5min 时，剩下的是浓度较高的乙醇，则取塔釜液分析，关闭塔釜加热。

⑤ 取样。塔底可通过取样阀 AI03 取样进行色谱分析，检测釜液浓度为 X_A。

将塔顶馏出物中的两相用分液漏斗分离，分别对水相（包括塔顶采出的水相和下层水相两部分）和油相进行称重。用天平称量塔釜产品（包括釜液和取样两部分）的质量。

⑥ 当塔釜、塔顶温度降到 40℃以下，关闭总电源、冷却水，结束实验。

五、实验注意事项

1. 精馏实验中一定要先开冷凝水，再开塔釜加热。
2. 塔体保温电流不能太大，要根据环境温度微调。
3. 真空精馏结束时，一定要打开真空缓冲罐放空阀。
4. 塔 1 每次实验前首先检查真空缓冲罐放空阀 VA02 是否打开。
5. 反应系统压力突然变化，则有大泄漏点，应停车检查。
6. 操作中玻璃夹套内发现有雾状物出现，可能在连接处有泄漏，须拆塔检查。

六、实验记录与数据处理

由学生自己完成正三角形或直角三角形相图。水-乙醇-正己烷 25℃液-液平衡数据如表 4-10 所示。

表 4-10　水-乙醇-正己烷 25℃液-液平衡数据

水相（摩尔分数）/%			油相（摩尔分数）/%		
水	乙醇	正己烷	水	乙醇	正己烷
69.423	30.111	0.466	0.474	1.297	98.230
40.227	56.157	3.616	0.921	6.482	92.597
26.643	64.612	8.745	1.336	12.540	86.124
19.803	65.678	14.517	2.539	20.515	76.946
13.284	61.759	22.957	3.959	30.339	65.702
12.879	58.444	28.676	4.940	35.808	59.253
11.732	56.258	32.010	5.908	38.983	55.109
11.271	55.091	33.639	6.529	40.849	52.622

七、思考题

1. 恒沸精馏适用于什么物系？
2. 恒沸精馏对夹带剂的选择有哪些要求？
3. 夹带剂的加料方式有哪些？目的是什么？
4. 恒沸精馏产物与哪些因素有关？
5. 用正己烷作为夹带剂制备无水乙醇，那么在相图上可分成几个区？如何分？本实验拟在哪个区操作？为什么？
6. 如何计算夹带剂的加入量？
7. 需要采集哪些数据，才能作全塔的物料衡算？
8. 采用分相回流的操作方式，夹带剂用量可否减少？
9. 提高乙醇产品的收率，应采取什么措施？
10. 实验精馏塔由哪几部分组成？说明动手安装的先后次序，理由是什么？
11. 夹带剂最小用量说明了什么？分析为什么不能再小。
12. 根据绘制的相图，对精馏过程作简要说明。
13. 讨论本实验过程对乙醇收率的影响。

实验五　二元系统气液平衡数据测定实验

一、实验目的

1. 了解并掌握用双循环气液平衡器测定二元系统气液平衡数据的方法。
2. 学会从实验测得的 *T-p-X-Y* 数据计算各组分的活度系数。
3. 学会二元气液平衡相图的绘制。
4. 掌握恒温水浴的使用方法和用阿贝折光仪分析组成的方法。

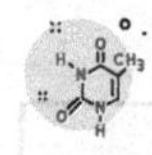

二、实验原理

平衡数据测定实验方法有两类，即间接法和直接法。直接法中又有静态法、流动法和循环法等。其中循环法应用最为广泛。若要测得准确的气液平衡数据，平衡釜是关键。现已采用的平衡釜形式有多种，而且各有特点，应根据待测物系的特征选择适当的釜型。

用常规的平衡釜测定平衡数据，样品用量多，测定时间长。本实验用的小型平衡釜的主要特点是釜外有真空夹套保温，釜内液体和气体分别形成循环系统，可观察釜内的实验现象，且样品用量少，达到平衡速度快，因而实验时间短。

气液平衡数据测定实验是在一定温度、压力下，在已建立气液相平衡的体系中，分别取出气相和液相样品，测定其浓度。本实验采用的是循环法。所测定的体系为乙醇（1）-环己烷（2），样品分析采用阿贝折光仪。

以循环法测定气液平衡数据的平衡器的类型有很多，但基本原理一致，如图 4-12 所示，当体系达到平衡时，a、b 容器中的组成不随时间而变化，这时从 a 和 b 两容器中取样分析，可得到一组气液平衡实验数据。当体系达到平衡时，除了两相的压力和温度分别相等外，每一组分的化学位也相等，即逸度相等，其热力学基本关系为：

$$f_i^{\mathrm{L}} = f_i^{\mathrm{V}} \tag{4-19}$$

$$\phi_i p y_i = \gamma_i f_i x_i \tag{4-20}$$

常压下，气相可视为理想气体，ϕ_i=1；再忽略压力对液体逸度的影响，$f_i = p_i^0$，从而得出低压下气液平衡关系式为：

$$p y_i = \gamma_i p_i^0 x_i \tag{4-21}$$

式中　p——体系压力（总压），mmHg（1mmHg=133Pa）；

p_i^0——纯组分 i 在平衡温度下的饱和蒸气压，可用 Antoine（安托尼）公式计算；

x_i，y_i——分别为组分 i 在液相和气相中的摩尔分数；

γ_i——组分 i 的活度系数。

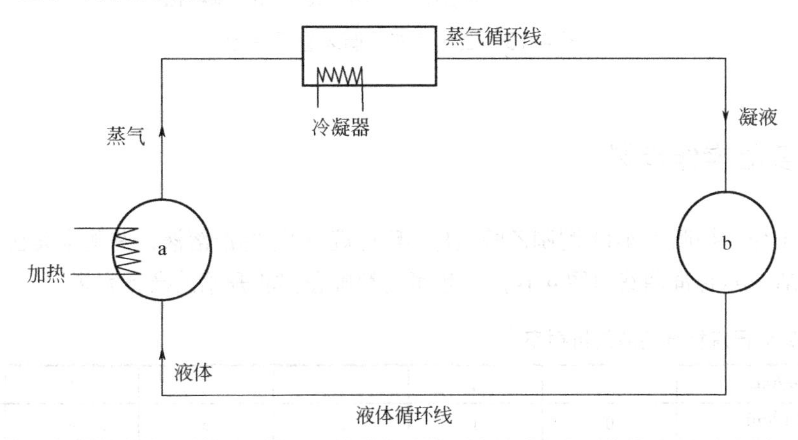

图 4-12　循环法测定气液平衡

由实验测得等压下气液平衡数据，则可用：

$$\gamma_i = \frac{p y_i}{p_i^0 x_i} \tag{4-22}$$

计算出不同组成下的活度系数。

三、实验装置

实验装置如图 4-13 所示。

本装置包括气液平衡釜一台。采用电加热方式，能够通过调整加热功率，方便控制加热速度，釜外真空夹套保温。

其他仪器：阿贝折光仪 1 台；恒温水浴 1 台；5mL 移液管 2 支；5mL 注射器带针头若干；取样瓶若干。

试剂：无水乙醇（分析纯）；环己烷（分析纯）。

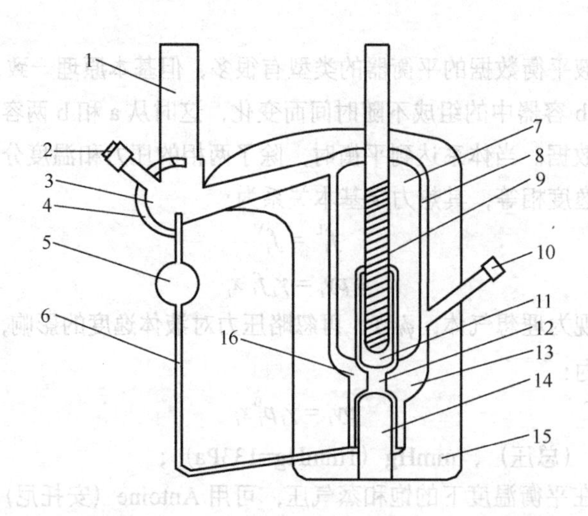

1—磨口；2—气相取样口；3—气相储液槽；4—连通管；5—缓冲球；6—回流管；
7—平衡室；8—钟罩；9—温度计套管；10—液相取样口；11—液相储液槽；12—提升管；
13—沸腾室；14—加热套管；15—真空夹套；16—加料液面

图 4-13　二元气液平衡装置示意图

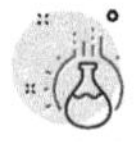

四、实验操作步骤

1. 准备工作。按照表 4-11 配制乙醇（1）-环己烷（2）标准溶液，并测量其在 30℃下的折射率，得到 X_1～n_D 标准曲线（图 4-14）。也可由教师在实验开始前准备完毕。

表 4-11　乙醇-环己烷标准溶液的折射率

乙醇体积/mL	1	4	3	2	1	0
环己烷体积/mL	0	1	2	3	4	1
环己烷所占物质的量比	0	0.115551	0.258376	0.439425	0.676412	1
折射率	1.3567	1.365	1.376	1.3895	1.4053	1.4205

将 X_1~n_D 数据关联回归，得到以下方程式：

$$Y = -0.020X^2 + 0.085X + 1.356 \tag{4-23}$$

通过测定未知液折射率 Y，再根据方程（4-23），便可计算出未知液中环己烷的浓度。

2. 加料。向平衡釜内加入无水乙醇约 45mL。

3. 开启冷凝水，接通电源加热，开始时加热电压调到 50V 加热，5min 后调到 30V，再等 5min 后慢慢调到 50V 左右即可，以平衡釜内液体能沸腾为准。稳定回流 20min 左右，以建立平衡状态。

4. 读数。认为稳定后的沸腾温度为平衡温度 t（℃），由于测定时平衡釜直通大气，所以平衡压力为实验时的大气压 p（mmHg）。

5. 取样。分别在平衡釜的气相取样口和液相取样口取出气、液相样品各 2.5mL 于干燥、洁净的取样瓶中。

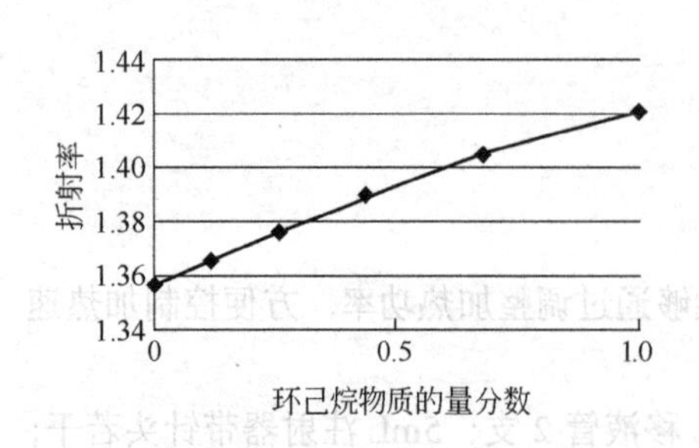

图 4-14　乙醇-环己烷标准溶液 X_1～n_D 标准曲线

6. 然后再由液相取样口加入纯环己烷 5mL，改变体系浓度，再做一组数据，待气液相稳定后，再按照步骤 5 取出气液、相样品，进行分析。根据实验要求，气液相分别取若干个样品。

注：如果要做乙醇-环己烷的气液平衡数据，则需要连续不断重复 5、6 步骤，约取 14 个样品，直至平衡釜中环己烷浓度达到 95%以上，才能做出完整的环己烷-乙醇气液平衡曲线。也可在找出乙醇-环己烷恒沸点后，加大取液量，比如取出 10mL 样品，再加入 10mL 环己烷，使得混合物中环己烷浓度得以快速改变。

再或者，配置不同浓度的乙醇-环己烷溶液，分别加入平衡釜中，每次测量只测量一个浓度下的气液平衡数据，做完一个浓度后清洗平衡釜，再做下一个浓度。

7. 测量样品的折射率，每个样品测量两次，最后取两个数据的平均值，根据关联的 X_1-n_D 方程式计算气相或液相样品的组成。

8. 所有实验完成后，将加热及保温电压逐步降低到零，关闭电源；待釜内温度降至室温，关冷却水；整理试剂、仪器及实验台。

五、实验记录与数据处理

（1）组分在平衡温度下饱和蒸气压的计算

采用 Antoine（安托尼）公式计算组分在一定温度下的饱和蒸气压：

$$\lg p_i^0 = A_i - \frac{B_i}{C_i + t} \tag{4-24}$$

式中 p_i^0——组分 i 在平衡温度下的饱和蒸气压，mmHg；

t——平衡温度，℃；

A_i、B_i、C_i——安托尼常数。

乙醇、环己烷安托尼常数见表 4-12。

表 4-12 乙醇、环己烷安托尼常数

组分	*A*	*B*	*C*
乙醇	8.04494	1554.3	222.65
环己烷	6.84498	1203.526	222.863

（2）气液相组成分析

待取出的样品冷却到常温，用滴管吸取部分样品，用阿贝折光仪分析其折射率，然后计算其组成，见下表 4-13 所示。

表 4-13 折射率及气液相平衡组成

实验序号	平衡温度 *T*/℃	液相样品折射率	气相样品折射率	平衡组成	
				液相 $X_{环己烷}$	气相 $Y_{环己烷}$
0	78.4	1.3565	1.3565	0.0000	0.0000
1	73.7	1.3609	1.3725	0.0585	0.2039
2	71.4	1.3625	1.3820	0.0779	0.3318

续表

实验序号	平衡温度 T/℃	液相样品折射率	气相样品折射率	平衡组成	
				液相 $X_{环己烷}$	气相 $Y_{环己烷}$
3	69.7	1.365	1.3848	0.1087	0.3713
4	68.7	1.3666	1.3871	0.1286	0.4044
5	67.6	1.3697	1.3916	0.1678	0.4710
6	66.3	1.375	1.3939	0.2367	0.5062
7	65.6	1.381	1.3964	0.3179	0.5452
8	65.1	1.3855	1.3975	0.3813	0.5628
9	65.0	1.3886	1.3979	0.4263	0.5692
10	64.9	1.3936	1.3986	0.5015	0.5805
11	64.9	1.3999	1.3994	0.6016	0.5935
12	64.9	1.4045	1.4001	0.6791	0.6049
13	65.0	1.4095	1.4004	0.7683	0.6099
14	65.4	1.4135	1.401	0.8441	0.6198
15	66	1.4158	1.4017	0.8898	0.6315
16	67.1	1.4171	1.404	0.9164	0.6705
17	69.8	1.4191	1.4067	0.9585	0.7177
18	71.6	1.4202	1.4106	0.9824	0.7887
19	74.0	1.4203	1.4145	0.9846	0.8638
20	75.9	1.4204	1.4163	0.9867	0.9000
21	77.0	1.4205	1.4175	0.9889	0.9247
22	80.7	1.4206	1.4206	1.0000	1.0000

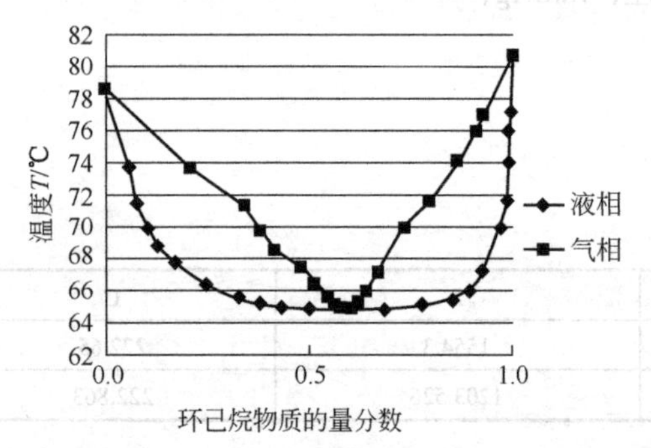

图 4-15　乙醇-环己烷体系在常压下的气液平衡相图

由表 4-13 气液相组成数据，绘制乙醇-环己烷体系在常压下的气液平衡相图，如图 4-15 所示。

(3) 活度系数的计算

在式 (4-22) 中 p 是总压强，由于在常压下测量，所以其为实验时的大气压，y_i、x_i 由计算求出，p_i^0 由计算求出，所以活度系数便能求出。计算结果列入表 4-14。

表 4-14　平衡温度下饱和蒸气压和活度系数

实验序号	平衡温度 T/℃	p_{10}/ mmHg	p_{20}/ mmHg	γ_1	γ_2
		乙醇	环己烷	乙醇	环己烷
0	78.4	762.097	708.020	—	—
1	73.7	631.144	611.974	1.028	4.374
2	71.4	574.254	568.870	0.968	5.745
3	69.7	535.017	538.576	1.012	4.868
4	68.7	513.002	521.360	1.022	4.628
5	67.6	489.667	502.928	0.996	4.283

续表

实验序号	平衡温度 T/℃	p_{10}/ mmHg	p_{20}/ mmHg	γ_1	γ_2
		乙醇	环己烷	乙醇	环己烷
6	66.3	463.243	481.812	1.072	3.405
7	65.6	449.517	470.736	1.138	2.796
8	65.1	439.922	462.949	1.233	2.446
9	65	438.024	461.404	1.315	2.220
10	64.9	436.133	459.863	1.481	1.931
11	64.9	436.133	459.863	1.795	1.646
12	64.9	436.133	459.863	2.166	1.486
13	65	438.024	461.404	2.950	1.320
14	65.4	445.658	467.609	4.200	1.205
15	66	457.318	477.040	5.613	1.141
16	67.1	479.359	494.721	6.312	1.135
17	69.8	537.261	540.322	9.726	1.063
18	71.6	579.025	572.520	15.872	1.076
19	74	638.899	617.780	10.588	1.090
20	75.9	689.885	655.566	8.391	1.068
21	77	720.922	678.256	7.245	1.058
22	80.7	833.980	759.126	—	—

六、实验注意事项

1. 平衡釜开始加热时电压不宜过大，以防物料冲出。

2. 平衡时间应足够。气、液相取样瓶，取样前要检查是否干燥，装样后要保持密封，因试剂较易挥发。

七、思考题

1. 本实验中气液两相达到平衡的判据是什么？
2. 影响气液平衡数据测量精确度的因素是什么？
3. 试举出气液平衡应用的例子。

实验六　三元系统液液平衡数据测定实验

一、实验目的

1. 采用浊点-物性联合法测定乙醇-环己烷-水三元体系的液液平衡双节点曲线和平衡结线。
2. 掌握实验的基本原理，了解测定方法，熟悉实验技能。
3. 通过实验，学会三角形相图的绘制。

二、实验原理

对三元液液平衡数据的测定，有不同的方法。一种方法是配制一定浓度的三元混合物，在恒定温度下搅拌，充分接触，以达到两相平衡；然后静止分层，分别取出两相溶液分析其组成。这种方法可直接测出平衡结线数据，但分析常有困难。另一种方法是先用浊点法测出三元体系的溶解度曲线，并确定溶解度曲线上的组成与某一物性（如折射率、密度等）的关系，然后再测定相同温度下平衡结线数据，这时只需根据已确定的曲线来决定两相的组成。

1. 溶解度测定原理

乙醇和环己烷、乙醇和水为互溶体系，而水在环己烷中的溶解度很小。一定温度下，向乙醇和环己烷的混合溶液中滴加水到一定量时，原来均匀清晰的溶液开始分裂成水相和油相两相混合物。直观的现象是体系开始变浑浊。本实验先配置乙醇-环己烷溶液，然后加入第三组分水，直到出现浑浊，通过逐一称量各组分来确定平衡组成即溶解度。

2. 平衡结线测定原理

由相率知，在定温、定压下，三元液液平衡体系的自由度 f=1。这就是说在溶解度曲线上只要确定一个特性值就能确定三元体系的性质，通过测定平衡时上层（油相）、下层（水相）的折射率，并在预先测制的浓度～折射率关系曲线上查得相应组成，便获得平衡结线。

三、实验装置

1. 实验装置流程图

如图 4-16 所示，恒温釜采用夹套加热保温，加热介质为恒温水，三元体系温度测量采用铂电阻温度传感器，数字显示，三元体系通过磁力搅拌实现混合均匀。

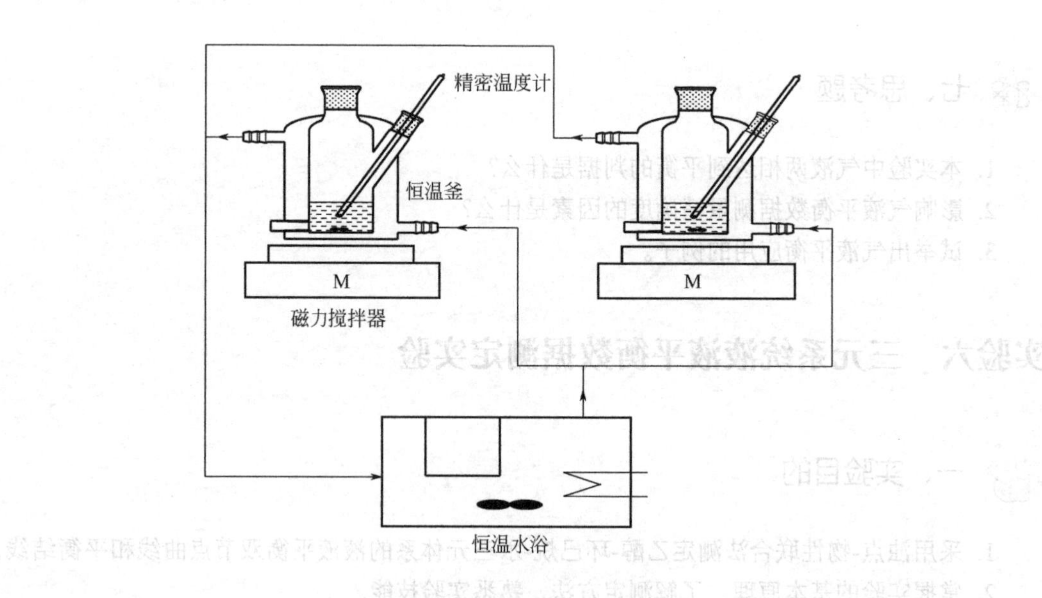

图 4-16　装置流程示意图

2. 实验仪器

恒温釜，80mL，2 个；磁力搅拌器，2 个；超级恒温槽，1 台；温度传感器，2 个；阿贝折光仪，1 台；医用注射器（5mL），4 支。

3. 试剂

环己烷（分析纯）；无水乙醇（分析纯）；去离子水。

四、实验操作步骤

注意：

a.实验准备步骤是为分析组分浓度而做的准备，若用气相色谱分析组分浓度，则无须测定标准曲线，直接进入步骤（2）。

b. 因为测定的标准曲线是质量分数和折射率的关系，由体积计算质量易造成很大误差，所以只需用注射器大约抽取相应的体积，然后称其准确质量。

1. 实验准备

（1）按照表 4-15 配制乙醇-环己烷标准溶液，并测量其在 25℃下的折射率，得到 $X_1 \sim n_D$ 标准曲线。也可由教师在实验开始前准备完毕。

表 4-15　乙醇-环己烷标准溶液的折射率

乙醇体积/mL（约）	1	4（3.151g）	3（2.369g）	2（1.602g）	1（0.818g）	0
环己烷体积/mL（约）	0	1（0.674g）	2（1.461g）	3（2.235g）	4（3.045g）	1
乙醇质量分数	1	0.8238	0.6185	0.4175	0.2118	0
折射率	1.3598	1.3686	1.3805	1.3931	1.4075	1.4248

将 $X_1 \sim n_D$ 数据关联回归，如图 4-17，得到以下方程式：

$$Y = 0.0184X^2 - 0.0831X + 1.4246 \tag{4-25}$$

通过测定未知液折射率 Y，再根据方程（4-25），便可计算出未知液中乙醇的质量分数。

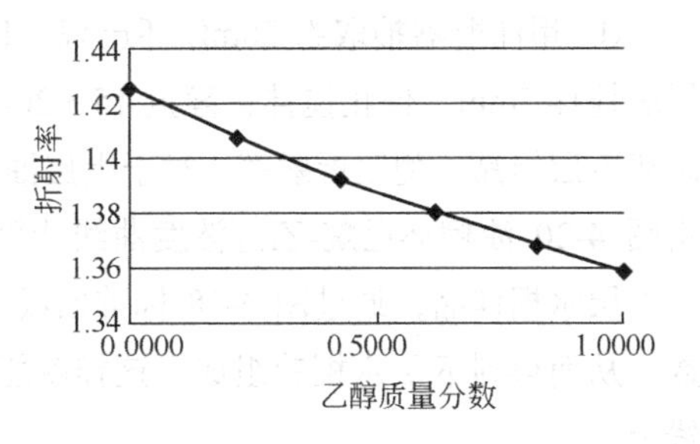

图 4-17　乙醇-环己烷标准溶液乙醇质量浓度标准曲线

（2）同理，按照表 4-16 配制乙醇-水体系，并测量其在 25℃下的折射率，得到 $X_1 \sim n_D$ 标准曲线。也可由教师在实验开始前准备完毕。

表 4-16　乙醇-水标准溶液的折射率

乙醇体积/mL（约）	4（3.157g）	3.5（2.768g）	3（2.392g）	2.5（1.956g）
水体积/mL（约）	1（0.997g）	1.5（1.524g）	2（1.989g）	2.5（2.478g）
乙醇质量分数	0.7600	0.5819	0.5460	0.4411
折射率	1.3631	1.3620	1.3604	13578
乙醇体积/mL（约）	2（1.479g）	1.5（1.167g）	1（0.781g）	0.5（0.410g）
水体积/mL（约）	3（2.951g）	3.5（3.459g）	4（4.031g）	4.5（4.505g）
乙醇质量分数	0.3339	0.2523	0.1623	0.0834
折射率	1.3538	1.3494	1.3431	1.337

将 $X_1 \sim n_D$ 数据关联回归，如图 4-18，得到以下方程式：

$$Y = -0.0614X^2 + 0.0895X + 1.3304 \tag{4-26}$$

通过测定未知液折射率 Y，再根据方程（4-26），便可计算出未知液中乙醇的质量分数。

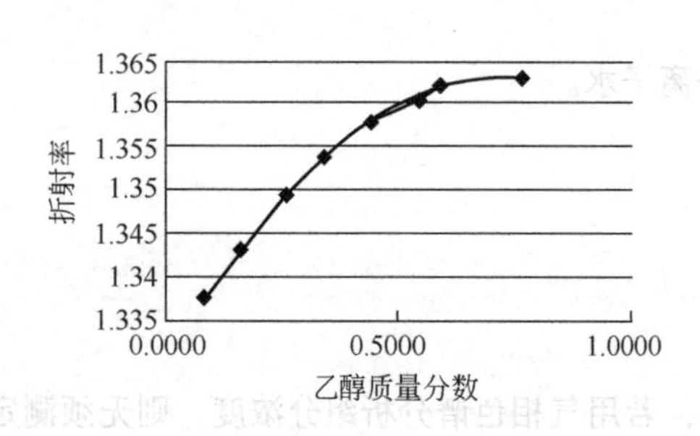

图 4-18 乙醇-水标准溶液乙醇质量浓度标准曲线

2. 三相溶解度测定

① 将阿贝折光仪、恒温釜和超级恒温水槽用软管连接起来，打开超级恒温水槽加热开关，设定恒温水温度 25℃（由于环境温度的影响，实际设置温度会高于或低于 25℃，以阿贝折光仪、恒温釜的实际温度为准）。

② 将磁子放入清洁干燥的恒温釜中，连接恒温水浴与恒温釜夹套，用固定夹固定住恒温釜，通恒温水恒温。

③ 将约 20mL 环己烷倒入恒温釜，需准确测量加入环己烷的质量；然后加入约 10mL 的无水乙醇，仍需准确测量加入乙醇的质量；打开磁力搅拌器搅拌，转速设定在 400r/min 左右，使其混合均匀。

④ 接着用医用注射器抽取约 1mL 去离子水，用吸水纸轻轻擦去针头外的水，在电子天平上称重记下质量。将注射器里的水缓缓地向釜内滴加，仔细观察溶液，当溶液开始浑浊时，立即停止滴水，将注射器轻微倒抽，以便使针头上的水抽回，然后再次称其质量，计算出滴加水的质量，最后根据环己烷、乙醇、水的质量，算出浊点的组成。根据实验情况，不停地改变环己烷或乙醇的量，重复以上操作，可测得一系列溶解度数据，绘在三角形相图上，便形成一条溶解度曲线。

3. 平衡结线测定

① 用注射器抽取约 20mL 环己烷、10mL 乙醇和 6mL 水，准确称其质量，注入恒温釜内，缓缓搅拌 5min，停止搅拌，静置 15～20min，充分分层以后，用洁净的注射器分别小心抽取上层和下层样品，测定折射率。对于上层油相样品通过图 4-17 标准曲线查出乙醇的质量分数，再由图 4-20 油相环己烷-乙醇浓度曲线计算上层中环己烷的浓度，从而得到上层油相的组成；对于下层水相样品，通过图 4-18 标准曲线查出乙醇的质量分数，再由图 4-21 计算出水的质量分数，从而得到下层水相的组成。这样就能得到一条平衡结线，三元体系的起始组成应在这条结线上。

② 改变加入水的质量，重复步骤①，又可以得到一条平衡结线。

4. 结束实验，整理实验室。

注：为节省试剂，在做完一组三相溶解度测定后，可接着做一组平衡结线测定，只需将两次用水量相加即可。建议总用水量控制在 6～9mL 范围内。

五、实验记录与数据处理

(1) 乙醇-环己烷-水三元体系液液平衡数据（25℃）如表 4-17 所示。

表 4-17 乙醇-环己烷-水三元体系液液平衡溶解度数据表

序号	乙醇质量分数/%	环己烷质量分数/%	水质量分数/%
1	41.06	0.08	58.86
2	43.24	0.54	56.22
3	50.38	0.81	48.81
4	53.85	1.36	44.79
5	61.63	3.09	35.28
6	66.99	6.98	26.03
7	68.47	8.84	22.69
8	69.31	13.88	16.81
9	67.89	20.38	11.73
10	65.41	25.98	8.31
11	61.59	30.63	7.78
12	48.17	47.54	4.29
13	33.14	64.79	2.07
14	16.70	82.41	0.89

① 根据表 4-17 中数据，做出乙醇-环己烷-水三元体系溶解度曲线如图 4-19。

② 根据表格中数据，分别做出油相中环己烷-乙醇浓度关系曲线（图 4-20）以及水相中水-乙醇浓度关系曲线（图 4-21）。

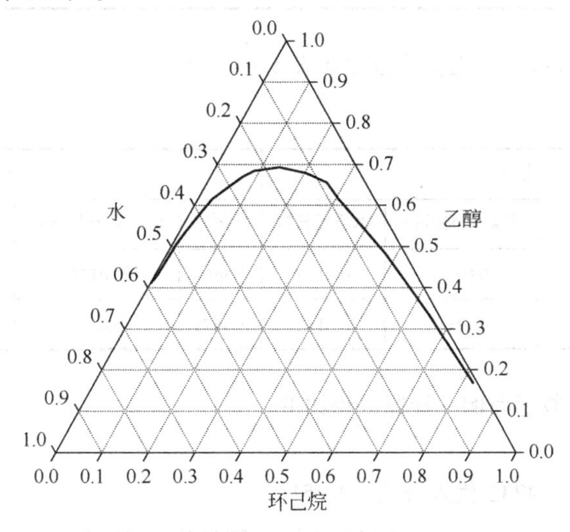

图 4-19 乙醇-环己烷-水三元体系溶解度曲线

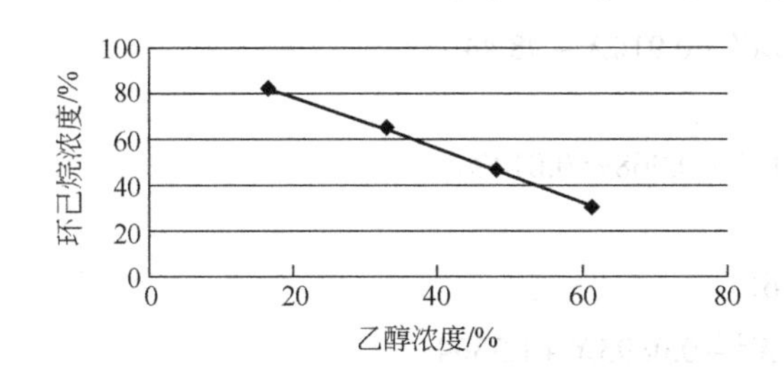

图 4-20 油相中环己烷-乙醇浓度关系曲线

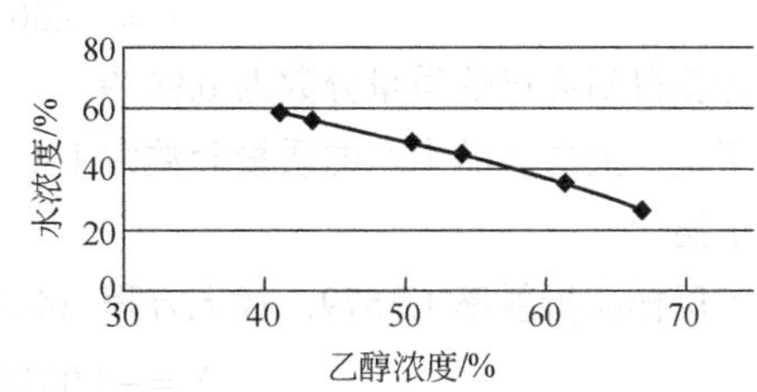

图 4-21 水相中水-乙醇浓度关系曲线

用阿贝折光仪分别测定分析出油相和水相中乙醇浓度，然后根据曲线以及拟合方程，分别计算出油相中环己烷的浓度、水相中水的浓度，然后用减量法确定两相中第三组分的浓度。

图 4-20 拟合得到方程：

$$Y = -0.003X^2 - 0.910X + 98.44 \tag{4-27}$$

图 4-21 拟合得到方程：

$$Y = -0.001X^3 + 0.148X^2 - 8.341X + 220.9 \tag{4-28}$$

(2) 三相溶解度测定

① 实验条件。

室温/℃	大气压/kPa	平衡釜温度/℃
8.8	101.59	25

② 溶解度测定记录。溶解度测定记录如表 4-18 所示。

表 4-18　溶解度测定记录表

组分	组分质量/g	质量分数/%
环己烷	15.261	0.6452
乙醇	7.827	0.3309
水	0.565	0.0239

③ 平衡结线实验数据。三相实验数据如表 4-19 所示。

表 4-19　三相实验数据

序号	上层				下层			
	折射率	环己烷质量分数	乙醇质量分数	水质量分数	折射率	环己烷质量分数	乙醇质量分数	水质量分数
1	1.4225	0.9611	0.0254	0.0135	1.3605	0.0129	0.5264	0.4607
2	1.4232	0.9689	0.0169	0.0142	1.3579	0.0076	0.4402	0.5522

以第二组上层油相数据为例，计算过程如下。

上层：

将上层样品折射率 1.4232 代入公式（4-25）

$$Y = 0.0184X^2 - 0.0831X + 1.4246$$

计算得到乙醇质量分数为 0.0169，然后将 0.0169 代入方程式（4-27）

$$Y = -0.003X^2 - 0.910X + 98.44$$

计算得到环己烷质量分数为 0.9689。

于是，上层样品中水的质量分数为 1–0.0169–0.9689=0.0142。

下层：

下层样品折射率 1.3579，代入方程（4-26）

$$Y = -0.0614X^2 + 0.0895X + 1.3304$$

得到乙醇质量分数为 0.4402，代入方程（4-28）

$$Y = -0.001X^3 + 0.148X^2 - 8.341X + 220.9$$

计算得到水质量分数为 0.5522。

于是，下层样品中环己烷的质量分数为 1−0.4402−0.5522=0.0076。

④ 将浊点和平衡结线绘入三元相图，如图 4-22。

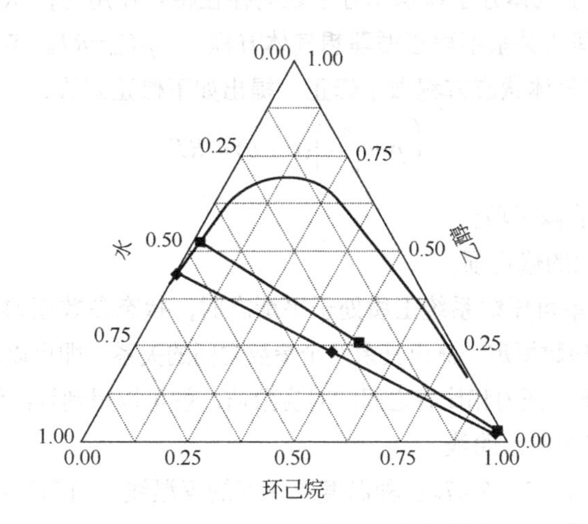

图 4-22 乙醇-环己烷-水三元相图

附注：

本实验采用阿贝折光仪对三元组分进行分析，结果均为估算，计算结果有一定误差，但能符合一定规律。若要进行精确分析和进一步科学研究，建议采用气相色谱进行分析。

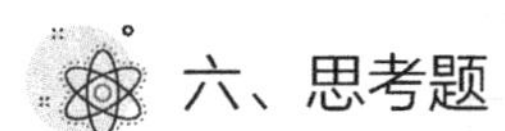

六、思考题

1. 什么是三元体系？
2. 如何绘制三元相图？
3. 为什么可以采用阿贝折光仪对三元组分进行分析？

实验七 纯物质临界状态观测及 *p-V-T* 关系测定实验

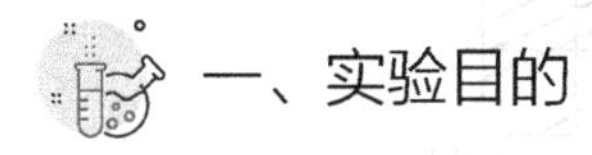

一、实验目的

1. 学习和掌握纯物质的 *p-V-T* 关系曲线测定方法和原理。

2. 通过观察纯物质临界乳光现象、整体相变现象、气-液两相模糊不清现象，增强对临界状态的感性认识和热力学基本概念的理解。

3. 测定纯物质的 *p-V-T* 数据，在 $p \sim V$ 图上绘出纯物质等温线。

4. 掌握活塞式压力计、恒温器等热工仪器的正确使用方法。

二、实验原理

本实验的纯物质采用高纯度的 CO_2 气体。严格遵从气态方程 $pV_m=RT$ 的气体，叫作理想气体。而对实际气体，由于气体分子体积和分子之间存在相互作用力，状态参数压力（p）、温度（T）、比容（V_m）之间的关系不再遵循理想气体方程——$pV_m=RT$。考虑上述两方面的影响，1873 年，范德华对理想气体状态方程做了修正，提出如下修正方程：

$$\left(p+\frac{a}{V^2}\right)(V-b)=RT \tag{4-29}$$

式中 a/V^2——分子力的修正项；

b——分子体积的修正项。

从上式可看出，简单可压缩系统工质处于平衡态时，状态参数压力、温度和比容之间有确定关系，保持任意一个参数恒定，测出其余两个参数之间的关系，即可以求出工质状态变换规律。比如，保持温度不变，测定压力和比容之间的对应数值，就可以得到等温线数据，绘制等温曲线。

1. 测定 CO_2 的 p-V-T 关系曲线

本实验测量 $T>T_c$、$T=T_c$、$T<T_c$ 三种温度条件下的等温线。当温度低于临界温度 T_c 时，该二氧化碳实际气体的等温线有气液相变的直线段（如图 4-23）。随着温度的升高，相变过程的直线段逐渐缩短。当温度增加到临界温度时，饱和液体和饱和气体之间的界限已完全消失，呈现出模糊状态，称为临界状态。二氧化碳的临界压力 p_{cr} 为 7.37MPa，临界温度 T_{cr} 为 31.1℃。

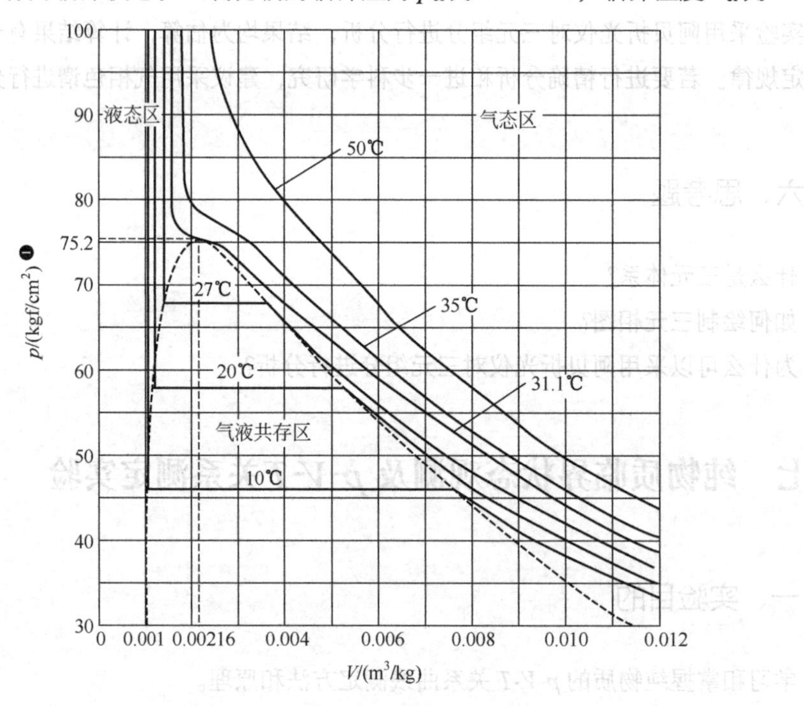

图 4-23 二氧化碳标准实验曲线

❶ $1kgf/cm^2=98.0665kPa$。

2. 观察热力学现象

(1) 临界乳光现象

将水温加热到临界温度（31.1℃）并保持温度不变，摇进压力台上的活塞螺杆使压力升至7.8MPa附近，然后摇退活塞螺杆（注意勿使实验本体晃动）降压，在此瞬间玻璃管内将出现圆锥状乳白色的闪光现象，这就是临界乳光现象。这是由二氧化碳分子受重力场作用沿高度分布不均和光的散射所造成的，可以反复几次，观察这一现象。

(2) 整体相变现象

由于在临界点时，汽化潜热等于零，饱和气相线和饱和液相线合于一点，所以这时气液的相互转化不是像临界温度以下时那样逐渐积累，需要一定的时间，表现为一个渐变的过程，而是当压力稍有变化时，气、液是以突变的形式互相转化的。

(3) 气-液两相模糊不清现象

处于临界点的二氧化碳具有共同的参数，因而仅凭参数不能区分此时二氧化碳是气体还是液体，如果是气体，那么这个气体是接近了液态的气体，如果是液体，那么这个液体是接近了气态的液体。下面将用实验来验证这个结论。因为这时处于临界温度下，如果按等温线过程进行使二氧化碳压缩或膨胀，那么管内什么也看不到。现在按绝热过程来进行。首先在压力等于7.8MPa附近突然降压，二氧化碳状态点由等温线沿绝热线降到液态区，管内二氧化碳出现了明显的液面，这就说明，如果这时管内二氧化碳是气体的话，那么这种气体离液区很接近，可以说是接近了液态的气体；在膨胀之后突然压缩二氧化碳时，这个液面又立即消失了，这就告诉人们，此时的二氧化碳液体离气区也是非常近的，可以说是接近了气态的液体。既然此时的二氧化碳既接近气态又接近液态，那么，只能处于临界点附近。可以说，临界状态是饱和气、液分不清的。这就是临界点附近饱和气液模糊不清的现象。

三、实验装置

整个实验装置由压力台、恒温器和实验台本体及其防护罩等部分组成（如图4-24所示）。

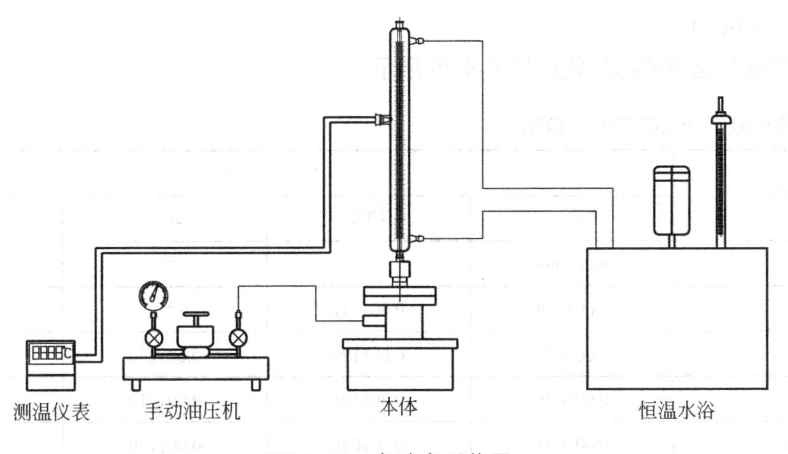

图4-24 实验台系统图

实验中，如图 4-25 所示，由压力台油缸送来的压力油进入高压容器和玻璃杯上半部，迫使水银进入预先装有高纯度 CO_2 气体的承压毛细玻璃管，CO_2 气体被压缩，其压力和容积通过压力台上的活塞杆的进、退来调节。温度由恒温器供给的水套内的水温调节，水套内的恒温水由恒温水浴供给。

CO_2 的压力由装在压力台上的精密压力表读出（绝压=表压+大气压），温度由插在恒温水套中的温度传感器读出，比容由 CO_2 柱的高度除以质面比常数计算得到。

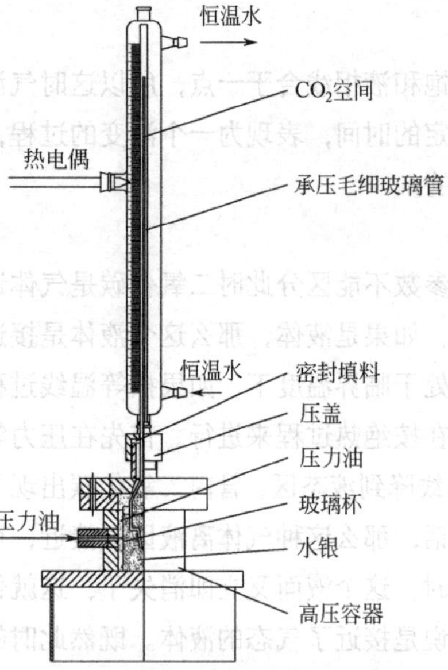

由于充入承压毛细玻璃管内的 CO_2 的质量不便于测定，而玻璃管内径或截面积也不易准确测量，因而实验中采用间接方法来确定比容。认为 CO_2 的比容与其在承压玻璃管内的高度之间存在线性关系。

测定该实验台 CO_2 在 25℃、7.8MPa 下的液柱高度，记为 Δh^*（m）。

因已知 T=25℃、p=7.8MPa 时

$$V = \frac{\Delta h^* A}{m} = 0.00124 \tag{4-30}$$

所以

$$\frac{m}{A} = \frac{\Delta h^*}{0.00124} = k \tag{4-31}$$

任意温度、压力下，CO_2 的比容为：

$$V = \frac{h - h_0}{m / A} = \frac{\Delta h}{k} \tag{4-32}$$

图 4-25　实验台本体

式中　Δh——任意温度压力下二氧化碳柱的高度，m；

h——任意温度压力下水银柱的高度，m；

h_0——承压玻璃管内径顶端刻度，m；

k——单位面积质量，即质面比常数，kg/m^2；

m——质量，kg；

A——面积，m^2。

二氧化碳液体比容的部分数据如表 4-20 所示。

表 4-20　二氧化碳液体比容的部分数据

压力/atm	比容/（m^3/kg）			
	0℃	10℃	20℃	30℃
40	0.001069	—	—	—
50	0.001059	0.001147	—	—
60	0.001050	0.001129	0.001276	—
80	0.001035	0.001101	0.001212	0.001407
100	0.001022	0.001086	0.001170	0.001290

注：1atm=101.325kPa。

四、实验操作步骤

1. 启动装置总电源，开启实验本体上 LED 灯。

2. 恒温水浴恒温操作。调节恒温水浴水位离盖 30～50mm，打开恒温水浴开关，按水浴操作说明进行温度调节至所需温度，观测实际水套温度，并调整水套温度至尽可能靠近实验所需温度（可近似认为承压毛细玻璃管内 CO_2 的温度处于水套的温度）。

3. 加压前的准备。因为压力台的油缸容量比容器容量小，需要多次从油杯里抽油，再向主容器管充油，才能使压力表显示压力数值。压力台抽油、充油的操作过程非常重要，若操作失误，不但加不上压力，还会损坏实验设备。所以，务必认真掌握，其步骤如下：

① 关闭压力台至加压油管的阀门，开启压力台油杯上的进油阀。

② 摇退压力台上的活塞螺杆至螺杆全部退出。这时，压力台活塞腔体中充满油。

③ 先关闭油杯阀门，然后开启压力台和高压油管的连接阀门。

④ 摇进活塞螺杆，使本体充油。如此反复，直至压力表上有压力读数为止。

⑤ 再次检查油杯阀门是否关好、压力表及本体油路阀门是否开启。若均已调定后，即可进行实验。

4. 测定承压毛细玻璃管内 CO_2 的质面比常数 k 值。

① 恒温到 25℃，加压到 7.8MPa，此时比容 V=0.00124m^3/kg。

② 稳定后记录此时水银柱高度 h 和毛细管柱顶端高度 h_0，根据公式换算质面比常数。

5. 测定低于临界温度——T=10℃、20℃时的等温线。

① 将恒温器调定在 T=10℃，并保持恒温。

② 逐渐增加压力，压力在 2.8MPa 左右（毛细管下部出现水银液面）开始读取相应水银柱液面刻度，记录第一个数据点。

③ 根据标准曲线，结合实际观察毛细管内物质状态，若处于单相区，则按压力 0.3MPa 左右提高压力；当观测到毛细管内出现液柱，则按每提高液柱 5～10mm 记录一次数据；达到稳定时，读取相应水银柱液面刻度。注意加压时，应足够缓慢地摇进活塞螺杆，以保证定温条件。

④ 再次处于单相区时，逐次提高压力，按压力间隔 0.3MPa 左右升压，直到压力达到 9.0MPa 左右为止，在操作过程中记录相关压力和刻度。

6. 测定临界等温线和临界参数，并观察临界现象。

(1) 将恒温水浴调至 31.1℃，按上述方法和步骤测出临界等温线，注意在曲线的拐点（7.5～7.8MPa）附近，应缓慢调节压力（调节间隔可在 5mm 刻度），较准确地确定临界压力和临界比容，较准确地描绘出临界等温线上的拐点。

(2) 观察临界乳光现象。（具体步骤见实验原理“2.观察热力学现象”部分）

7. 测定高于临界温度（T=50℃）时的定温线。

将恒温水浴调至 50℃，按上述方法和步骤测出临界等温线。

五、实验记录与数据处理

1. 质面比常数 k 值计算记录表如表 4-21。

表 4-21　质面比常数 k 值计算记录表

温度/℃	压力/atm	Δh^*/mm	CO_2 比容/（m^3/kg）	k/（kg/m^2）

2.记录不同温度下的 p-h 数据，如表 4-22。

表 4-22　不同温度下的 p-h 数据

编号	温度/℃							
	10		20		31.1		50	
	水银柱高/mm	压力/MPa	水银高/mm	压力/MPa	水银高/mm	压力/MPa	水银高/mm	压力/MPa
1								
2								
3								
4								
……								

3.对记录的数据进行处理并列入表 4-23。

表 4-23　记录数据处理

编号	温度/℃							
	10		20		31.1		50	
	比容/（m^3/kg）	绝对压力/MPa	比容/（m^3/kg）	绝对压力/MPa	比容/（m^3/kg）	绝对压力/MPa	比容/（m^3/kg）	绝对压力/MPa
1								
2								
3								
4								
……								

4.作出 V-p 曲线，并与理论曲线对比，分析其中的异同点。

六、实验结果和讨论

1. 实验结果

绘出实验数据处理结果，并进行说明。

2. 讨论

(1) 试分析实验误差和引起误差的原因。

(2) 指出实验操作应注意的问题。

七、实验注意事项

1. 实验压力不能超过 9.8MPa。

2. 应缓慢摇进活塞螺杆，否则来不及平衡，难以保证恒温恒压条件。

3. 在将要出现液相、存在气液两相和气相将完全消失以及接近临界点的情况下，升压间隔要很小，升压速度要缓慢。严格讲，温度一定时，在气液两相同时存在的情况下，压力应保持不变。

4. 压力表的读数是表压，数据处理时应按绝对压力。

【示例】

1. 质面比常数 k 值计算见表 4-24。

表 4-24　质面比常数 k 值计算

温度/℃	压力/atm	Δh*/mm	CO_2 比容/（m³/kg）	k/（kg/m²）
25	78	36	0.00124	29.038

由此，则可以求出一定温度、压力下的二氧化碳比容 $V=\Delta h/k$。

2. 记录不同温度下的 p-h 关系见表 4-25 所示。

毛细管顶端刻度 h_0=359mm，质面比常数 k=28.2kg/m²。

表 4-25　不同温度下的 p-h 关系

编号	温度/℃							
	10		20		31.1		50	
	水银柱高/mm	压力/MPa	水银柱高/mm	压力/MPa	水银柱高/mm	压力/MPa	水银柱高/mm	压力/MPa
1	5	2.8						
2								
3								
4								
……								

3. 对记录数据进行处理。

取第一组数据处理如下：

在 10℃、2.8MPa 压力下比容 $V_1=\Delta h/（1000k）=（359-5）/（1000\times28.2）=0.01255m^3/kg$。

将处理后的数据记入表 4-26。

表 4-26　记录数据处理

编号	温度/℃							
	10		20		31.1		50	
	比容/（m³/kg）	绝对压力/MPa	比容/（m³/kg）	绝对压力/MPa	比容/（m³/kg）	绝对压力/MPa	比容/（m³/kg）	绝对压力/MPa
1	0.01255	2.903						
2								

续表

编号	温度/℃							
	10		20		31.1		50	
	比容/(m^3/kg)	绝对压力/MPa	比容/(m^3/kg)	绝对压力/MPa	比容/(m^3/kg)	绝对压力/MPa	比容/(m^3/kg)	绝对压力/MPa
3								
4								
……								

4. 根据结果做出 *V*-*p* 曲线（见下图），并对比标准曲线分析其中的异同点。

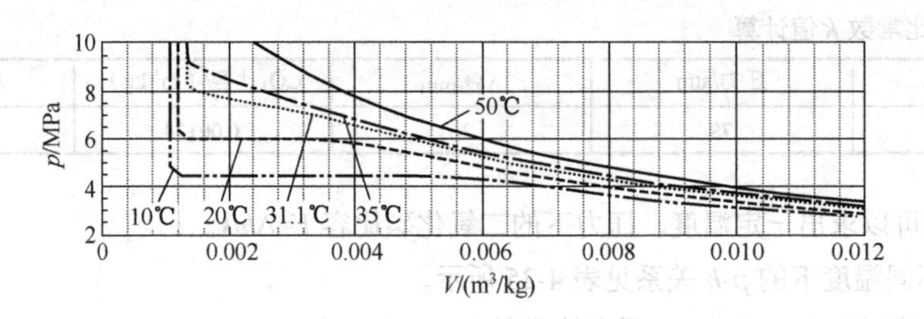

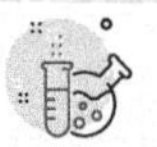

八、思考题

1. 质面比常数 *k* 值对实验结果有何影响？为什么？

2. 为什么测量20℃下的等温线时，出现第一个小液滴的压力和最后一个小气泡将消失时的压力应相等（试用相律分析）？

实验八　复床法除盐制取纯水实验

一、实验目的

1. 了解离子交换法制纯水的基本原理。
2. 熟悉使用离子交换树脂的方法。
3. 熟悉电导率仪的使用与校正方法。

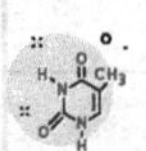

二、实验原理

离子交换树脂利用氢离子交换阳离子，而以氢氧根离子交换阴离子。以包含磺酸根的苯乙烯和二乙烯苯制成的阳离子交换树脂将以氢离子交换碰到的各种阳离子（例如 Na^+、Ca^{2+}、Al^{3+}）。同样的，以包含季铵盐的苯乙烯制成的阴离子交换树脂将以氢氧根离子交换碰到的各种阴离子（如 Cl^-）。从阳离子交换树脂释出的氢离子与从阴离子交换树脂释出的氢氧根离子相结合后生成纯水。

阴阳离子交换树脂可被分别装在不同的离子交换床中，分成所谓的阴离子交换床和阳离子交换床。也可以将阳离子交换树脂与阴离子交换树脂混在一起，置于同一个离子交换床中。不论是哪一种形式，当树脂与水中带电荷的杂质交换完，树脂上的氢离子及（或）氢氧根离子就必须进行“再生”。再生的程序恰与纯化的程序相反，利用氢离子及氢氧根离子进行再生，交换附着在离子交换树脂上的杂质。

三、实验装置

1. 本装置有两个交换柱，从流程安装上，采用阳、阴离子交换柱串联操作进行除盐实验，即复床法制取纯水，见图 4-26。

2. 本装置实验物料可以为自来水，也可以用配制的盐水。

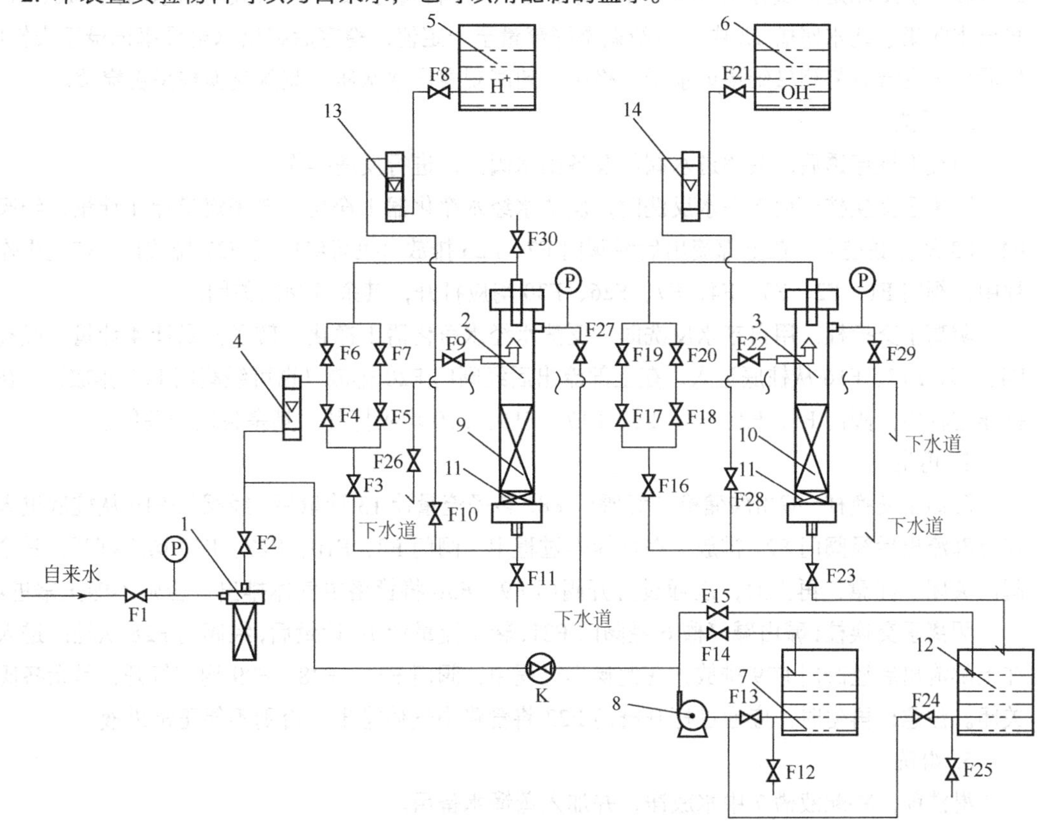

P—压力表；K—调节阀；F1～F29—阀门；1—水净化器；2—阳离子交换柱；3—阴离子交换柱；4—转子流量计；5—酸储槽；6—碱储槽；7—配液槽；8—水泵；9—阳离子树脂；10—阴离子树脂；11—支承层；12—纯水储槽；13—酸计量转子流量计；14—碱计量转子流量计

图 4-26 离子交换工艺流程图

四、实验操作步骤

下面实验以自来水为水源，阳、阴离子交换柱串联操作进行除盐、逆流再生为例，操作过程如下。

1. 再生液配制

量取 540mL 浓盐酸（含量 36%～37%），加入酸储槽 5 中，然后加水至 5L，搅匀，即得含量约 4% HCl 再生液。称取 200g NaOH（含量 96.0%），放入 1000mL 烧杯中，加入 800mL 纯水溶解，搅拌至全溶后，放入碱储槽 6 中，加纯水至 5L，搅匀，即得含量约 4% NaOH 再生液。

2. 交换操作

开启阳离子交换柱进水阀门 F2、F6 和出水阀门 F3、F5、F26，打开转子流量计 4，然后轻轻打开自来水进水阀门 F1，控制交换柱内流量为一定值，然后开启阴离子交换柱进水阀门 F19 和出水阀门 F16、F18，关闭阳离子交换柱出水阀门 F26（其余各阀门均处于关闭状态），交换 5～10min 后，测定交换柱出水电导率。稳定后，可开启阀门 F23，同时关闭出水阀门 F16、F18，将出水收集于纯水储槽 12 中。重新调整好流量至一定值，稳定后将出水电导率记录于表格中。然后可改变流量将测量结果记录于表格中。随时观察出水水质，监测交换柱是否穿透。

3. 反洗

当交换柱穿透后，关闭进水阀门及各出水阀门，进行反洗操作。

阳离子交换柱：用自来水反洗时，反洗水经水净化器 1 净化，转子流量计 4 计量，经阀门 F4、F3 从柱底进入，在上部流出后经阀门 F7、F26 排放（也可经阀门 F27 排放），在此操作过程中，阀门 F1、F2、F3、F4、F7、F26、F30 均应打开，其余各阀门关闭。

阴离子交换柱：用自来水反洗时，反洗水经水净化器 1 净化，转子流量计 4 计量，经阀门 F4、F5、F17、F16 从柱底进入，在上部流出后经阀门 F20 排放（也可经阀门 F29 排放），在此操作过程中，阀门 F1、F2、F4、F5、F17、F16、F20 均应打开，其余各阀门关闭。

4. 再生

阳离子交换柱：酸由酸储槽 5 经阀门 F8，转子流量计 13 计量后，经阀门 F10 从柱底进入，在上部流出后经阀门 F27 排放，在此操作过程中，阀门 F8、F10、F27、F30 均应打开，其余各阀门关闭。注意：再生时，应通过打开阀门 F9、F30 将管路中气体排出，否则不能正常进液。

阴离子交换柱：碱由碱储槽 6 经阀门 F21，转子流量计 14 计量后，经阀门 F28 从柱底进入，在上部流出后经阀门 F29 排放，在此操作过程中，阀门 F21、F28、F29 均应打开，其余各阀门关闭。注意：再生时，应通过打开阀门 F22 将管路中气体排出，否则不能正常进液。

5. 淋洗

淋洗前，将配液槽 7 中水放净，并加入蒸馏水备用。

阳离子交换柱：淋洗水由水槽经阀门 F13、增压泵 8 增压，经调节阀 K，转子流量计 4 计量，经阀门 F4、F3 从柱底进入，在上部流出后经阀门 F7、F26 排放（也可经阀门 F27 排放），在此操作过程中，阀门 F13、K、F3、F4、F7、F26、F30 均应打开，其余各阀门关闭。淋洗至中性时，改为正洗操作，此时关闭 F3、F4、F7、F26，开启阀门 K、F6、F11。

阴离子交换柱：淋洗水由水槽经阀门 F13、增压泵 8 增压，经调节阀 K，转子流量计 4 计量，经阀门 F4、F5、F17、F16 从柱底进入，在上部流出后经阀门 F20 排放（也可经阀门 F29 排放），在此操作过程中，阀门 F13、K、F5、F4、F17、F16、F20 均应打开，其余各阀门关闭。淋洗至中性时，改为正洗操作，此时关闭 F17、F16、F20，开启阀门 F19、F23。

交换柱淋洗好后，将所有阀门关闭，下次开机可直接进行交换操作。

6. 实验举例（供参考）

（1）上述各步骤准备好后，即可以进行交换操作。

（2）实验工艺参数

室温操作，水温为 25℃；

原水电导率为 490μS/cm，水质中性；蒸馏水电导率为 15μS/cm。

（3）操作

按上面的操作过程进行实验，从出水口 F23 取样 100～150mL，进行分析。实验结果如下：流量为 40L/h，出水中性，出水电导率为 51.2μS/cm。

（4）数据处理（处理方法）

根据大量实测数据，经统计分析整理推导出不同水型总含盐量 C（mg/L）与电导率 σ（μS/cm）和水温 t（℃）之间存在的关系表达式。

Ⅰ-Ⅰ价型水：

$$C = 0.5736\mathrm{e}^{(0.0002281t^2 - 0.03322t)}\sigma^{1.0713} \tag{4-33}$$

重碳酸盐型水：

$$C = 0.8382\mathrm{e}^{(0.0001828t^2 - 0.03200t)}\sigma^{1.0809} \tag{4-34}$$

原水按重碳酸盐型水考虑，可计算出，原水含盐量为 359mg/L。

产品水按Ⅰ-Ⅰ价型水考虑，可计算出，产品水含盐量为 19.5mg/L。

可知当流量为 40L/h、流速为 14m/h 时，脱盐率为 94.6%。

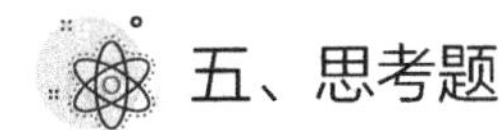

五、思考题

1. 树脂“中毒”是什么意思？如何处理？
2. 在我国，离子交换树脂是如何分类的？
3. 举例说明离子交换树脂的用途。

实验九　一氧化碳变换反应实验

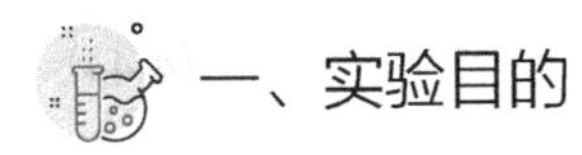

一、实验目的

1. 了解气固相催化反应装置的结构与操作方法。
2. 掌握工艺流程与自控仪表的使用方法。
3. 掌握用积分反应器求取反应条件与转化率的关系的方法。
4. 学会求反应速率常数的方法。

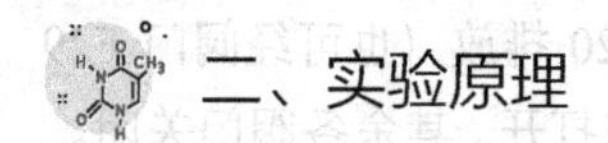

二、实验原理

一氧化碳变换的反应为：

$$CO+H_2O \longrightarrow CO_2+H_2+Q$$

反应必须在催化剂存在的条件下进行。中温变换采用铁基催化剂，反应温度为350～450℃；低温变换采用铜基催化剂，反应温度为220～320℃。本实验为前者。

设反应前气体混合物各组分干基摩尔分数分别为$y_{CO,d}^{0}$、$y_{CO_2,d}^{0}$、$y_{H_2,d}^{0}$、$y_{N_2,d}^{0}$；初始汽气比为R_0；反应后气体混合物中各组分干基摩尔分数为$y_{CO,d}$、$y_{CO_2,d}$、$y_{H_2,d}$、$y_{N_2,d}$。一氧化碳的变换率（亦称转化率）为：

$$a=\frac{y_{CO_2,d}-y_{CO_2,d}^{0}}{y_{CO,d}^{0}(1-y_{CO_2,d}^{0})} \tag{4-35}$$

根据研究，铁基催化剂上一氧化碳中温变换反应本征动力学方程可表示为：

$$\begin{aligned}\gamma_1&=-\frac{dN_{CO}}{dW}=\frac{dN_{CO_2}}{dW}=k_{T1}p_{CO}p_{CO_2}^{-0.5}\left(1-\frac{p_{CO_2}p_{H_2}}{k_p p_{CO}p_{H_2O}}\right)\\&=k_{T1}f_1(p_i)\end{aligned} \tag{4-36}$$

铜基催化剂上一氧化碳低温变换反应本征动力学方程可表示为：

$$k_p=\exp\left(2.3026\frac{2185}{T}-\frac{0.1102}{2.3026}\ln T+0.6218\times10^{-3}T-1.0604\times10^{-7}T^2-2.218\right) \tag{4-37}$$

在恒温下，由积分反应器的实验数据，可按下式计算反应速率常数k_{Ti}：

$$k_{Ti}=\frac{V_{0,i}y_{CO}^{0}}{22.4W}\int_0^{a_i}\frac{da_i}{f_i(p_i)} \tag{4-38}$$

采用图解法或编制计算程序，可由式（4-38）得某一温度下的反应速率常数值。测得多个温度的反应速率常数值，根据阿伦尼乌斯方程：

$$k_{T1}=k_0 e^{-\frac{E}{RT}} \tag{4-39}$$

即可求得指前因子k_0和活化能E。

由于中温变换以后引出部分气体进行分析，故低变气体的流量需要重新计量，低变气体的入口组成需由中温变换气体经物料衡算得到，即等于中温变换气体的出口组成：

$$y_{1H_2O}=y_{H_2O}^{0}-y_{CO}^{0}a_1 \tag{4-40}$$

$$y_{1CO}=y_{CO}^{0}(1-a_1) \tag{4-41}$$

$$y_{1CO_2}=y_{CO_2}^{0}-y_{CO}^{0}a_1 \tag{4-42}$$

$$y_{1H_2}=y_{H_2}^{0}-y_{CO}^{0}a_1 \tag{4-43}$$

$$V_2=V_1-V_{分}=V_0-V_{分} \tag{4-44}$$

$$V_{分}=V_{分d}(1+R_1)=V_{分d}\frac{1}{1-(y_{H_2O}^{0}-y_{CO}^{0}a_1)} \tag{4-45}$$

转子流量计计量的$V_{分d}$，需进行分子量换算，从而需求出中温变换出口各组分干基摩尔分数$y_{1i,d}$：

$$y_{1CO_2,d}=\frac{y_{CO,d}^{0}\left(1-a_1\right)}{1+y_{CO,d}^{0}a_1} \tag{4-46}$$

$$y_{1CO_2,d}=\frac{y_{CO_2,d}^{0}a_1+y_{CO,d}^{0}a_1}{1+y_{CO,d}^{0}a_1} \tag{4-47}$$

$$y_{1H_2,d}=\frac{y_{H_2,d}^{0}a_1+y_{CO,d}^{0}a_1}{1+y_{CO,d}^{0}a_1} \tag{4-48}$$

同中温变换计算方法，可得到低变反应速率常数及活化能。

三、实验装置

1. 反应管为ϕ15mm×1.5mm 不锈钢管，内径 7mm，内填装 0.5g 催化剂（40～60 目颗粒），在催化剂床内插有铠装热电偶，由数字显示仪表测定反应温度。

CO 气体来自钢瓶，经稳压阀用精密调节阀调节流量，经过活性炭和硅胶脱除杂质与水分，经流量计计量后进入鼓泡器增湿，此后气体经保温管路、预热器进入反应器，反应后的尾气用注射器取样或用六通阀在线取样分析后放空。

2. 流程见装置说明书中的流程示意图。

四、实验操作步骤

1. 催化剂的填装、试漏见装置说明书中的操作。

2. 升温还原

将装好催化剂的反应管接入系统，接通电炉电源，开始升温还原。当炉温升至 200℃时，打开反应器气源及稳压阀，用针形阀调节流量为 20mL/min，然后将饱和器恒温水浴电源接通，使之缓慢升温至 80℃。当炉温升至 470℃时，恒温一个小时，还原结束。

3. 不同温度下一氧化碳变换率的测定

还原结束后将炉温降至 340℃，恒定 15min 后测其变换率。之后炉温每升高 20～30℃，测定一点，要求至少测定五点。在测定过程中，饱和器及炉温必须恒定，温度波动不大于 0.5℃，流量必须稳定不变，同时要选择合适的空速，使所测各点变换率在 20%～40%之间。每次测定变换率之前必须准确测定气体干基流速，并按表 4-27 格式详细记录所需数据。

表 4-27　不同温度下一氧化碳变换率的测定

实验序号	室温/℃	大气压/mmHg	反应床温度/℃	饱和器温度/℃	气体流量/（mL/min）	反应后 CO 峰高/mm	反应后 CO 干基摩尔分数	变换率	备注
1		760	319	51	20		10		
		760	337	55	20		15		
		760	357	56	20		19		

五、实验注意事项

1. 由于实验过程有水蒸气参与，为避免蒸汽在反应器内冷凝使催化剂结块，必须在反应床温升至 150℃以后才能启用水饱和器；而停车时，在床温降到 150℃以前关闭饱和器。

2. 由于催化剂在无水条件下，原料气会将它过度还原而使其失活，故在原料气通入系统前要先通 N_2，加入水蒸气；相反停车时，必须先切断原料气，后通 N_2 再切断水蒸气。

六、思考题

1. 本实验反应后为什么只分析一个量?
2. 催化剂如果失活应怎样恢复?
3. 一氧化碳中毒应如何处理?

实验十　加压微反应实验

一、实验目的

1. 熟悉和掌握催化剂活性的评价方法。
2. 掌握加压微型反应器装置的操作原理、设备结构和使用方法。
3. 了解反应条件对甲苯歧化反应的转化率、收率和歧化率的影响。
4. 掌握色谱分析方法。

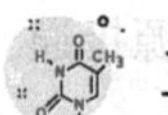

二、实验原理

甲苯歧化是可逆反应，其热效应并不大，在分子筛催化剂存在下是通过烷基转移进行反应的。过程比较复杂，除主反应生成苯和二甲苯异构体之外，还有一系列的歧化反应发生，如二甲苯歧化生成甲苯和三甲苯异构体，甲苯脱甲基与断链反应等。

反应条件对转化产生很大影响，主要指温度、压力和加料速度等诸多条件。当固定其他因素仅仅改变温度时，反应的转化率随温度上升，一般在 400～500℃都能实现较好转化。压力对反应的影响，表现为在低压和常压操作过程，催化剂失活较快，转化率偏低。压力为 1.5～3.0MPa，此时可达到较好的效果。氢气与甲苯的分子比通常为 10：1 为最佳，过低不足以抑制催化剂的结焦，过高造成耗氢大。通常苯和二甲苯收率为 30%～50%。

三、实验装置

1. 本实验采用加压微型反应器，反应器内径 5mm，长 400mm，采用电加热，实验流程如图 4-27。

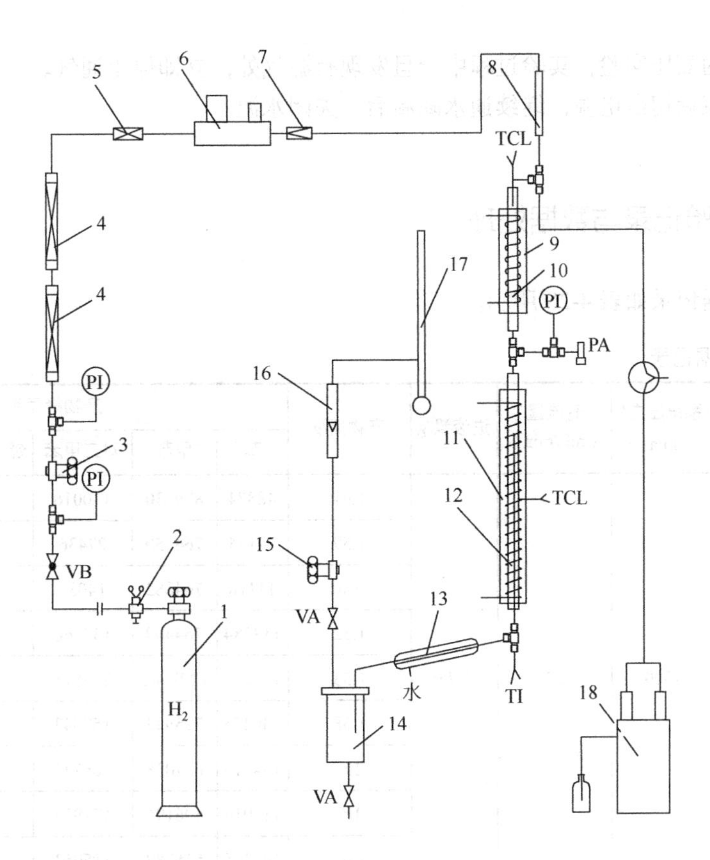

TCL—控温传感器；TI—测温传感器；VA—考克（旋塞阀）；VB—球阀；PI—压力表；1—氢气钢瓶；2—减压阀；3—调压阀；4—干燥器；5—过滤器；6—质量流量计；7—止逆阀；8—缓冲器；9，10—预热炉；11—反应加热炉；12—反应器；13—冷凝器；14—产物捕集器；15—背压阀；16—转子流量计；17—皂膜流量计；18—液体加料泵

图 4-27　加压微反应实验装置图

2. 试剂

甲苯（分析纯）；催化剂：2g。

3. 仪器

柱塞式液体加料泵 1 台；氢气钢瓶 1 个；注射器（10mL）1 支；色谱仪 1 台；取样瓶 10 只；加压反应设备 1 套。

四、实验操作步骤

1. 先将催化剂进行研磨，取 20～40 目的催化剂，准确称取 2g 催化剂样品，装入反应器中，要确保催化剂在反应器中央部位。

2. 按流程图连接好流程，用气泡试漏。

3. 通入气体升温进行催化剂活化再生，使反应温度为 550℃，维持 1h 后降温，至 360℃。

4. 控制系统压力为 1.5MPa 后，并有少量 H_2 从尾气流出，流量为 20～40mL/min（可通过皂膜流量计测定），反应温度在 360～500℃之间取三个温度点，进行实验，每个温度点改变进料流量两次，每次稳定 30min 后，测定产物质量并待分析。

5. 本实验为高压实验，实验过程中一旦发现有漏气处，立即停止通气。

6. 实验结束后切断电源，继续通水降温后，关闭水源。

五、实验记录与数据处理

1. 原始数据记录如表 4-28 所示。

表 4-28　原始数据记录

温度/℃	进液流量/（mL/h）	系统压力/kPa	H_2流量/（mL/min）	进液量/g	产物量/g	产物峰面积				
						苯	甲苯	对二甲苯	邻、间二甲苯	三甲苯
365	2	1500	27	1.75	1.61	48874	879230	110016	21463	584
	4				1.59	34124	764750	27436	3721	0
	6				1.6	11118	764882	14036	786	0
385	2				1.52	113784	764409	137166	15105	8565
	4				1.53	178675	1278345	295815	22352	674
	6				1.58	130475	725932	152643	15817	10911
430	2				1.6	134215	617038	186747	13571	16918
	4				1.6	118014	606196	171934	13655	15598
	6				1.61	106365	516287	115053	11968	8375

2. 以 H_2 为载气热导检测质量校正因子，如表 4-29 所示。

表 4-29　H_2 为载气热导检测质量校正因子

质量校正因子	物质				
	苯	甲苯	对二甲苯	邻、间二甲苯	三甲苯
f_m	1.0	1.02	1.04	1.08	1.03

3. 色谱分析条件。色谱柱为 SE-30，H_2 流量为 30mL/min，热导检测器，桥流 120mA，柱温为 120℃，汽化室温度为 150℃，进样量 0.5mL。

4. 数据处理如表 4-30 所示。

表 4-30　数据处理表

温度/℃	进液流量/（mL/h）	甲苯转化率/%	苯与二甲苯收率/%	选择性	歧化率	r
365	2	23.8786346	17.2038888	0.720472	2.071261	0.001639
	4	16.2975172	7.8746258	0.483179	0.701817	0.0015
	6	11.5819721	3.292782	0.284302	1.022123	0.000941
385	2	36.1874713	25.700364	0.710201	1.027846	0.002448
	4	37.1929319	28.0123027	0.756154	1.366159	0.005358
	6	36.8124502	28.9515608	0.786461	0.991455	0.008273

续表

温度/℃	进液流量/（mL/h）	甲苯转化率/%	苯与二甲苯收率/%	选择性	歧化率	r
430	2	41.8692636	34.659161	0.827795	1.144952	0003301.
	4	40.2382876	32.9372505	0.818555	1.206658	0.006275
	6	37.4201254	30.8641602	0.824801	0.917035	0.008819

5. 计算举例，以365℃、2mL/h数据为例。

① 产物中质量分数计算：

$$X_i=\frac{A_i f_i}{\sum A_i f_i} \tag{4-49}$$

$$X_{苯}=\frac{48874\times1.0}{48874\times1.0+879230\times1.02+110016\times1.04+21463\times1.08+584\times1.03}=4.509\%$$

$$X_{甲苯}=\frac{879230\times1.02}{48874\times1.0+879230\times1.02+110016\times1.04+21463\times1.08+584\times1.03}=82.741\%$$

$$X_{对二甲苯}=\frac{110016\times1.04}{48874\times1.0+879230\times1.02+110016\times1.04+21463\times1.08+584\times1.03}=10.556\%$$

$$X_{邻间二甲苯}=\frac{21463\times1.08}{48874\times1.0+879230\times1.02+110016\times1.04+21463\times1.08+584\times1.03}=2.139\%$$

$$X_{三甲苯}=\frac{584\times1.03}{48874\times1.0+879230\times1.02+110016\times1.04+21463\times1.08+584\times1.03}=0.055\%$$

② 甲苯转化率：

$$\begin{aligned}甲苯转化率&=\frac{原料甲苯量-液体产物甲苯量}{原料甲苯量}\times100\%\\&=\frac{1.75-1.61\times82.741\%}{1.75}\times100\%\\&=23.879\%\end{aligned} \tag{4-50}$$

③ 苯与二甲苯收率：

$$\begin{aligned}苯与二甲苯收率&=\frac{液体产物中苯量+二甲苯量}{液体产物总量}\times100\%\\&=\frac{1.61\times(4.509\%+10.556\%+2.1386\%)}{1.61}\times100\%\\&=17.2039\%\end{aligned} \tag{4-51}$$

④ 选择性：

$$\begin{aligned}选择性&=\frac{苯与二甲苯收率}{甲苯转化率}\\&=\frac{17.2039\%}{23.879\%}=0.720472\end{aligned} \tag{4-52}$$

⑤ 歧化率：

$$\begin{aligned}歧化率&=\frac{产物中二甲苯\ (物质的量)}{产物中苯\ (物质的量)}\\&=\frac{(0.10556+0.02138603)\times78.1}{0.04509\times106.17}\\&=2.071261\end{aligned} \tag{4-53}$$

⑥ 反应速度 r_T：

$$r_T=\frac{\text{甲苯摩尔流量}\times\text{甲苯转化率}}{\text{催化剂量}}=\frac{2\times 0.8763\times 0.23879}{2} \tag{4-54}$$

$$=0.001639$$

六、思考题

1. 如何评价催化剂的活性?
2. 什么是歧化反应?
3. 如何计算苯歧化反应的转化率?

实验十一　绿色无水乙醇精制实验

一、实验目的

1. 掌握无水乙醇生产工艺。
2. 巩固精馏单元相关知识。
3. 学习特殊精馏原理及操作方式。
4. 巩固化工基本生产操作流程等知识。

二、实验原理

萃取精馏是工业上广泛应用的一种特殊分离方法，主要用于分离普通精馏难以处理的含络合物、热敏物质、恒沸组成及相对挥发度接近 1 的互溶物系。其基本原理是向精馏塔中引入 1 种或 2 种可以与待分离混合物相溶的溶剂，增加待分离组分间的相对挥发度，达到分离沸点相近组分的目的。萃取剂的沸点较原料液中各组分的沸点高很多，且不与组分形成恒沸液。

本实验相关原理可参考第四章实验四。

三、实验装置

本实验工艺流程如图 4-30 所示，包含了粗乙醇精制工段（图 4-28）和萃取精馏工段（图 4-29），其中粗乙醇精制工段是将质量分数较低的粗乙醇经过填料精馏塔得到 95%的乙醇溶液和含有少量乙醇的废水溶液。塔顶采用风冷式冷凝器，冷凝液经回流泵回流和采出，由转子流量计调节回流比。塔釜溶液达到溢流液位后由蠕动泵输送，经过列管换热器和进料溶液换热后，再经过塔釜风冷器降温后进入废水罐。

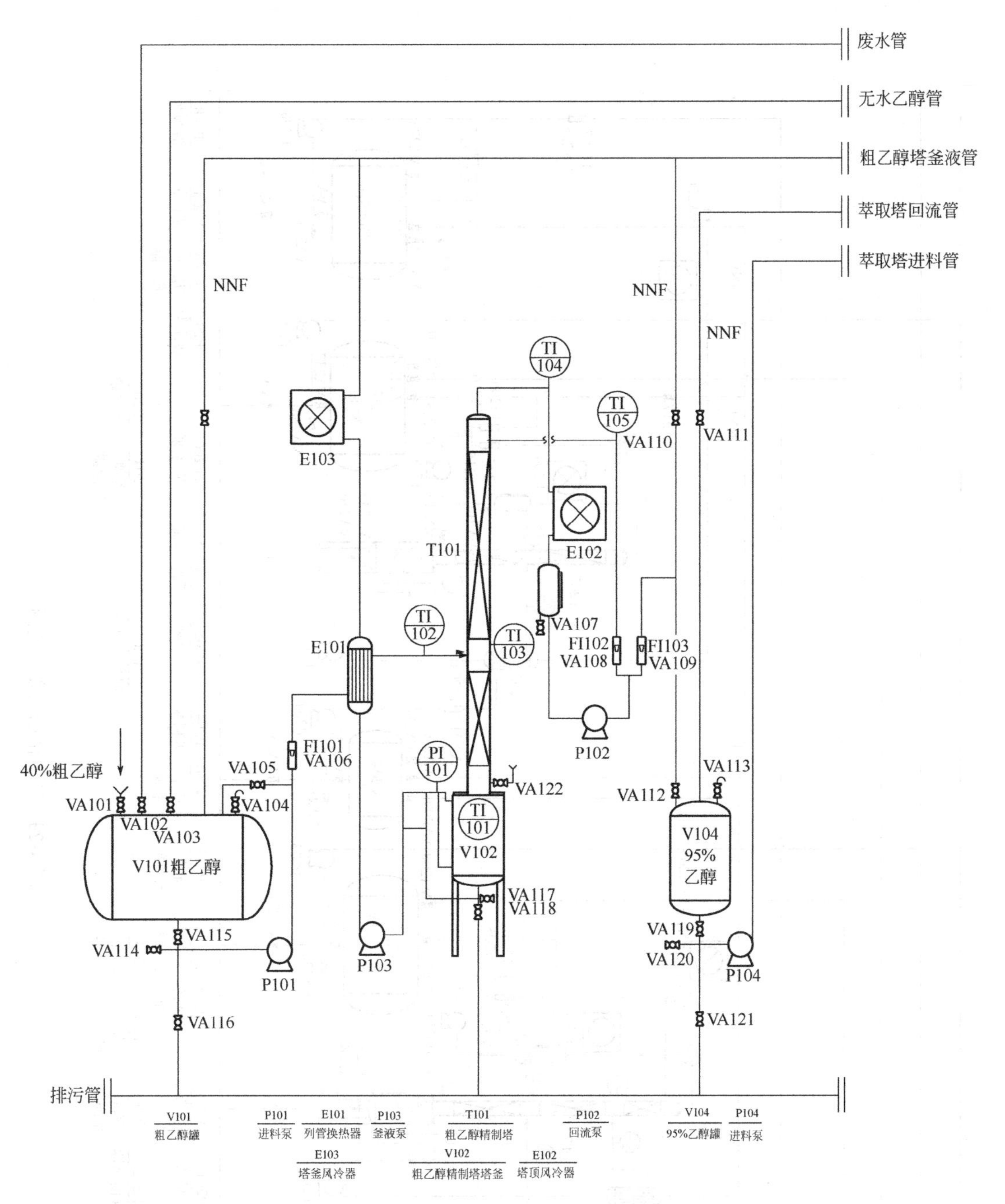

图 4-28　粗乙醇精制工段工艺图

萃取精馏工段包括萃取精馏塔和溶剂回收塔。萃取精馏塔以粗乙醇精制模块所得 95%乙醇为原料，乙二醇为萃取剂，设有溶剂进料口和原料进料口，塔顶冷凝液经分析合格后（乙醇含量大于 99%）进入产品罐，若不合格则经采出管旁路重新回到 95%乙醇罐。塔釜溶液溢流后进入溶剂-水罐。溶剂回收塔以萃取精馏塔塔釜溶液为原料，塔顶得到乙醇-水溶液，塔釜得到纯度较高的乙二醇溶液。实验过程中分别对塔顶和塔釜产品进行检测，塔顶产品不能含有乙二醇，塔釜溶液不含乙醇，若不合格则全部回流至溶剂-水罐，重新进料。

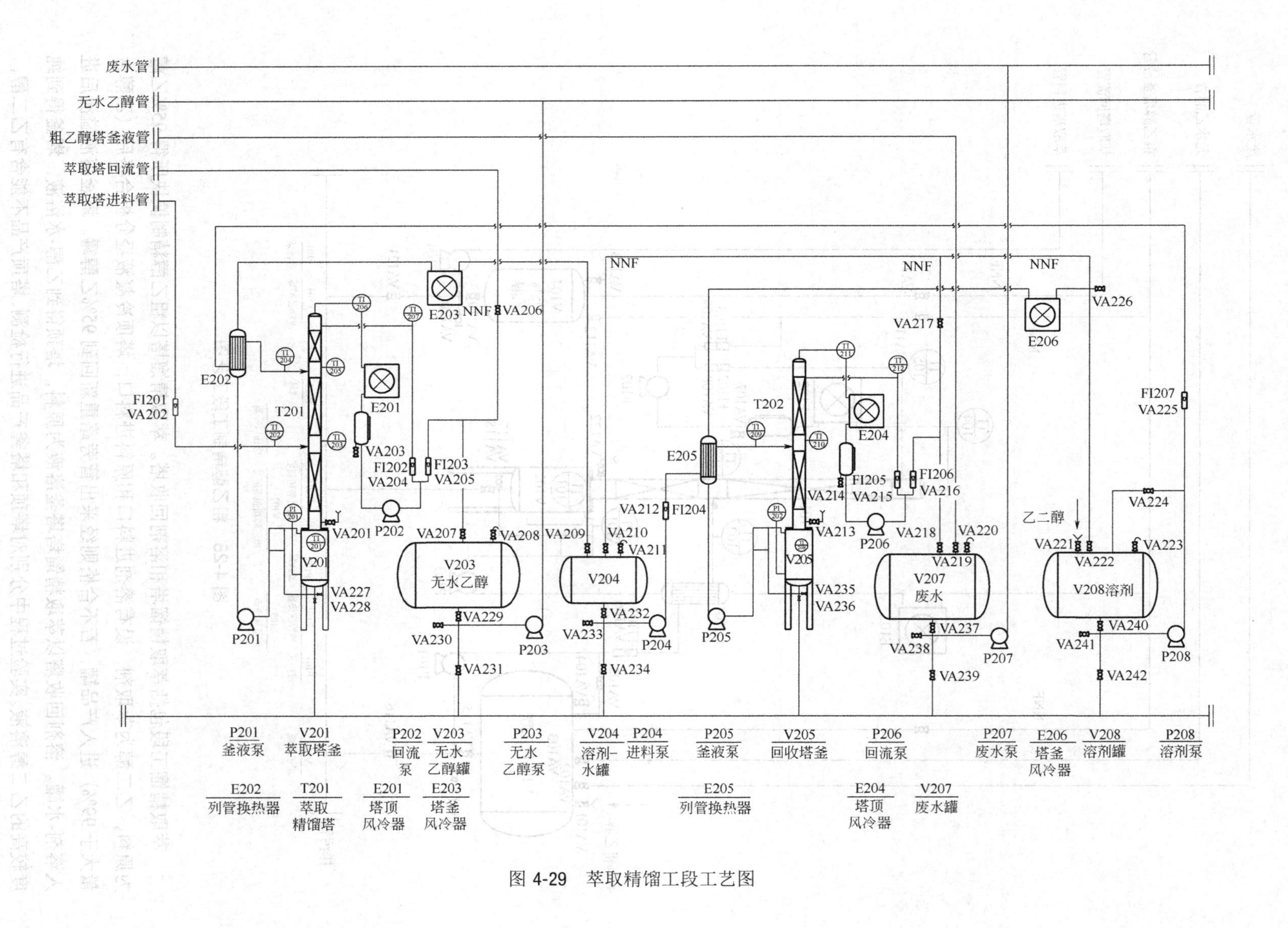

图 4-29 萃取精馏工段工艺图

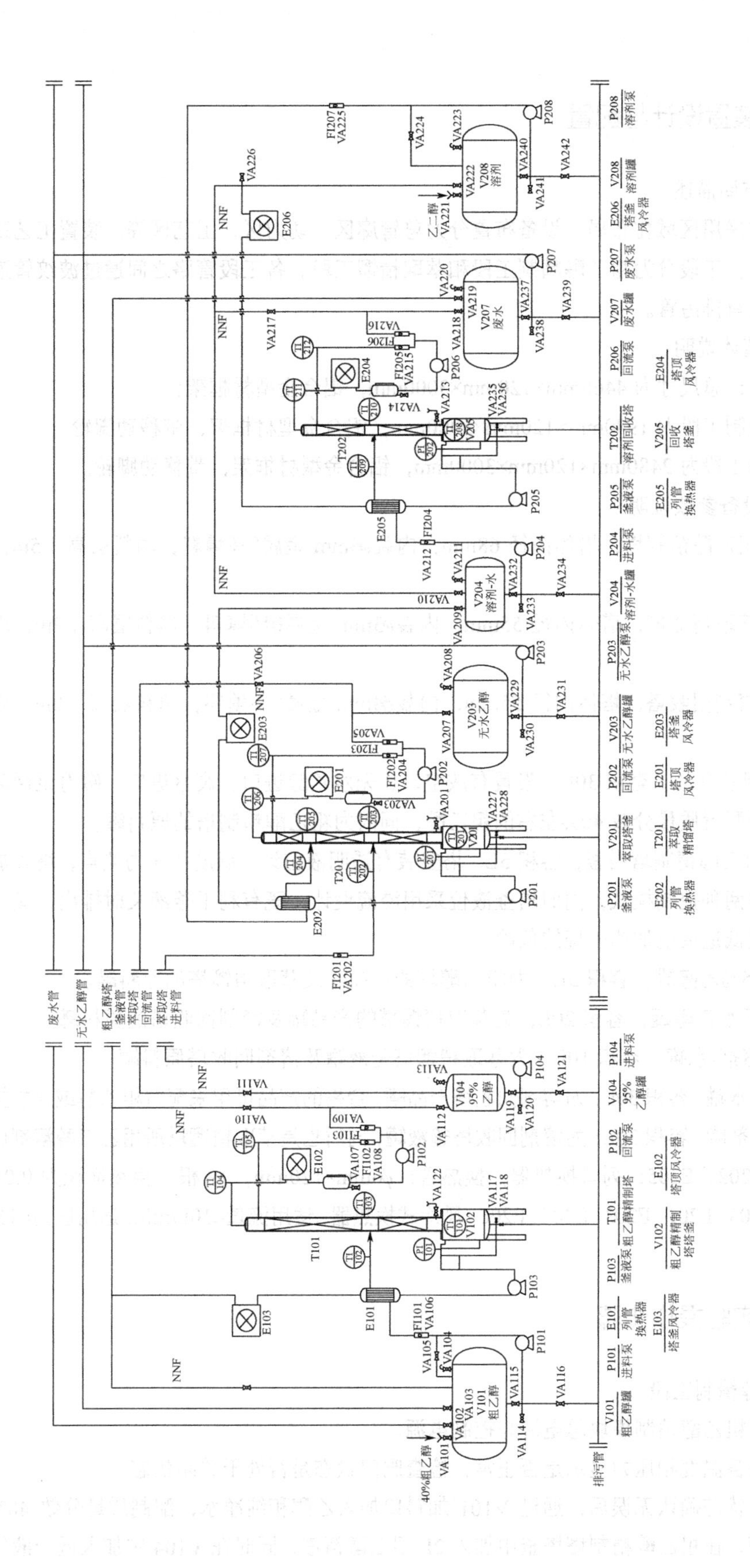
废水管
无水乙醇管
粗乙醇塔釜液管
萃取塔回流管
萃取塔进料管
排污管
40%粗乙醇
乙二醇
V101 粗乙醇罐
P101 进料泵
E101 列管换热器
E103 塔釜风冷器
P103 釜液泵
V102 粗乙醇精制塔塔釜
T101 粗乙醇精制塔
P102 回流泵
E102 塔顶风冷器
V104 95%乙醇罐
P104 进料泵
P201 釜液泵
E202 列管换热器
V201 萃取塔釜
T201 萃取精馏塔
P202 回流泵
E201 塔顶风冷器
V203 无水乙醇罐
E203 塔釜风冷器
P203 无水乙醇泵
V204 溶剂-水罐
P204 进料泵
P205 釜液泵
E205 列管换热器
T202 溶剂回收塔
V205 回收塔釜
P206 回流泵
E204 塔顶风冷器
V207 废水罐
P207 废水泵
E206 塔釜风冷器
V208 溶剂罐
P208 溶剂泵

图4-30 总工艺图

四、装置设计与配置

1. 装置布局描述

装置整体采用区域化布局，设备布置分为总管廊区、动力区、工艺区等。装置工艺采用工段模块化组合，工段分为粗乙醇精制工段和萃取精馏工段。各工段管路之间通过波纹管连接，装置整体设置有排污管。

2. 装置整体说明

装置尺寸：总尺寸为4460mm×120mm×3000mm，铝合金型材框架；

粗乙醇精制工段为1980mm×120mm×3000mm，铝合金型材框架，带移动脚轮；

萃取精馏工段为2480mm×120mm×3000mm，铝合金型材框架，带移动脚轮。

3. 主要设备参数说明

T-101：粗乙醇精制塔，塔体内径68mm，内装ϕ4mm金属θ环填料，填料层高1.5m，塔釜容积5L。

T-201：萃取精馏塔，塔体内径55mm，内装ϕ3mm金属θ环填料，填料层高1.3m，塔釜容积2L。

T-202：溶剂回收塔，塔体内径55mm，内装ϕ4mm金属θ环填料，填料层高1.0m，塔釜容积2L。

V101：粗乙醇罐，容积30L，设置有放空口、无水乙醇进口、废水进口、磁力泵循环口和加料口，用于配置质量分数40%左右的粗乙醇，同时为粗乙醇精制塔的原料罐。

V102：粗乙醇精制塔塔釜，容积5L，塔釜装有透明液位计、温度和压力测点，塔釜加热分为温度和压力两种控制模式，同时塔釜液位采用溢流设计，既有利于釜液及时排出，又可避免因塔釜液位过低造成电加热干烧的危险。

V104：95%乙醇罐，容积5L，为粗乙醇塔的产品罐及萃取精馏塔的原料罐。

V203：无水乙醇罐，容积20L，为萃取精馏塔的产品罐及溶剂回收塔的原料罐。

V204：溶剂-水罐，容积10L，为萃取精馏塔釜液罐及溶剂回收塔原料罐。

V207：废水罐，容积30L，为溶剂回收塔产品罐，合格的产品可用来配置粗乙醇或直接排放。

V208：溶剂罐，容积30L，为溶剂回收塔釜液罐，同时也是萃取精馏塔所用乙二醇溶剂储罐。

E101、E202、E205：列管换热器，换热管：ϕ6mm×120mm，19根，换热面积为0.043m^2。

E102、E103、E201、E203、E204、E206：风冷式换热器，适用流量≤10L/min，适用压力≤1MPa。

五、实验操作步骤

1. 粗乙醇精制工段

(1) 开启粗乙醇精制模块总电源与控制电源。

(2) 检查各温度和压力显示是否正常，检查阀门状态是否处于关闭状态。

(3) 阀门状态确认无误后，通过V101加料口加入乙醇和纯净水，配制质量分数40%左右的粗乙醇溶液；在粗乙醇精制塔塔釜中加入2L粗乙醇溶液，同时在V104中加入低于液位计的

95%乙醇（约 600mL）。

（4）分别启动粗乙醇精制塔和萃取精馏塔塔釜加热，待有蒸汽产生时，开启塔顶风冷器，开始全回流操作。待塔 T101 运行稳定后，打开 FI101 开始进料，进料流量 100mL/min，回流比 2∶1；每隔 5min 分析塔顶产品浓度，若产品浓度不合格则开启阀门 VA110，物料进入 V101，重新进料。产品浓度合格后关闭阀门 VA110，打开阀门 VA112 开始采出。

（5）待塔釜液位达到溢流液位时，打开塔釜风冷器和塔釜蠕动泵，转速调节在 60r/min，塔釜溢流液进入萃取精馏模块的废水罐。

（6）实验过程中注意观察塔釜压力并及时调整塔釜加热功率、进料量和回流量，避免出现液泛现象。

2. 萃取精馏工段

（1）开启萃取精馏模块总电源与控制电源。

（2）检查各温度和压力显示是否正常，检查阀门状态是否处于关闭状态。

（3）萃取精馏塔中加入 1.5L 乙二醇和 0.5L 95%乙醇，液位达到透明液位计高度 5～10cm 处，溶剂罐加入 15～20L 乙二醇溶液。

（4）启动萃取精馏塔塔釜加热，待有蒸汽产生时，开启塔顶风冷器，开始全回流操作。待塔 T101 开始采出时，开启原料泵 P104 和溶剂泵 P208，塔 T201 开始进料，95%乙醇进料流量 40mL/min，乙二醇进料流量 120mL/min，溶剂比 3∶1，回流比 2∶1。（为了使全塔快速稳定，建议刚开始进料时调节进料流量在 20mL/min，乙二醇进料流量 60mL/min，待运行稳定后再增大进料量。）

（5）实验过程中每隔 5min 分析塔 T201 塔顶产品浓度，浓度合格后开启阀门 VA207 采出至无水乙醇罐。

（6）待塔釜液位达到溢流液位时，打开塔釜风冷器和塔釜蠕动泵，转速调节在 60r/min，塔釜溢流液进入 V204 溶剂-水罐。

（7）待 V204 液位到达 1/3 液位时，开启进料泵 P204，待塔 T202 塔釜液位到达溢流液位的 1/2 高度时，停止加料，开启电加热开始全回流操作。全回流稳定后开启进料泵，进料显示流量 80mL/min，回流比 5∶1，每隔 5min 分析塔顶、塔釜溢流液浓度，塔顶冷凝液以不含乙二醇为合格，塔釜溢流液以乙二醇浓度达到 98%以上为合格（塔釜温度⩾196℃）。溶剂回收塔塔釜浓度若不合格则开启塔釜液回流管路，使溢流液再返回原料罐 V204。

六、实验注意事项

1. 精馏塔釜加热应逐步增加加热功率，使塔釜温度缓慢上升。

2. 精馏塔塔釜初始进料时，进料速度不宜过快，防止塔出现不正常操作现象，延长全塔稳定时间。

3. 系统全回流时应控制回流流量和冷凝流量基本相等，保持回流罐一定液位。

4. 在系统进行连续精馏时，应保证进料流量和采出流量基本相等，各处流量计操作应互相配合，默契操作，保持整个精馏过程的操作稳定。

5. 实验结束后，请放净设备罐体及管路液体。特别是室内温度低于冰点时，设备及管路内严禁液体残留。

七、思考题

1. 萃取剂的选择原则有哪些?

2. 什么是“液泛”现象? 它有哪些危害?

3. 实际生产中如何避免“液泛”现象?

5

第五章　专业实验

实验一　乙酸苄酯的合成实验

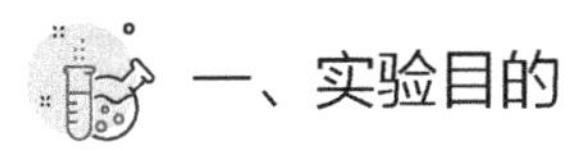

一、实验目的

1. 了解由苯甲醇酯化合成乙酸苄酯的反应原理和合成方法。
2. 掌握乙酸苄酯的分离技术，熟悉真空蒸馏装置、阿贝折光仪。

二、实验原理

酯化反应是醇与羧酸相互作用制备酯的重要方法。酯化反应是在少量催化剂作用下，醇和羧酸的回流反应。本实验用硫酸作催化剂。

本实验的反应式如下：

$$C_6H_5CH_2OH + CH_3COOH \underset{}{\overset{H_2SO_4}{\rightleftharpoons}} C_6H_5CH_2OOCCH_3 + H_2O$$

三、主要试剂与仪器

试剂：苯甲醇，冰醋酸，浓硫酸，碳酸钠，氯化钠。

仪器：三口烧瓶，恒温磁力搅拌器，温度计，球形冷凝管，真空蒸馏装置，阿贝折光仪，气相色谱仪。

四、实验操作步骤

向装有搅拌机、温度计和球形冷凝管的 150mL 三口烧瓶中加入 15g 苯甲醇、15g 冰醋酸，在恒温磁力搅拌器上加热至 30℃，再滴加 5g 92%的浓硫酸，加毕升温至 50℃，反应 8h，反应完毕后静置分层，分出硫酸层。用 28g 15%的碳酸钠水溶液洗涤乙酸苄酯层，然后继续加 28g 15%

氯化钠溶液洗涤，静置分离，干燥，得粗乙酸苄酯。

将粗乙酸苄酯在真空蒸馏装置中进行真空蒸馏，先蒸出前馏分，然后在 14mmHg（1.8665×10^3Pa）下收集 98～100℃馏分，其为产品乙酸苄酯。产率约 85%。产品要符合下列要求：

外观为无色液体，有茉莉花香；

沸点为 214.9℃/760mmHg（1.01325×10^5Pa），100℃/14mmHg（1.8665×10^3Pa）；

比重 $d_4^{25}=1.052\sim1.055$；

折射率 $n_D^{20}=1.5015\sim1.5035$。

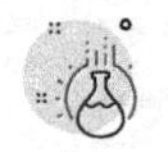

五、实验注意事项

1. 浓硫酸有强腐蚀性，不能接触皮肤。
2. 真空蒸馏装置须不漏气，各接头处要紧密，保障所需的真空度。

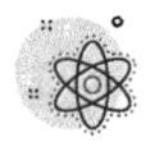

六、思考题

1. 制备羧酸酯有哪几种方法?
2. 酯化反应中常用的催化剂有哪些?
3. 为什么要进行真空蒸馏?

实验二　雪花膏的制备实验

一、实验目的

1. 了解乳化原理。
2. 初步掌握雪花膏的配制原理和配方中各组分的功能。
3. 学会雪花膏等膏霜类化妆品的制备方法。

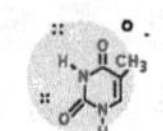

二、实验原理

雪花膏属于护肤用品，是以硬脂酸和无机碱反应生成的硬脂酸盐与加入的非离子表面活性剂形成乳化剂对，通过原料复配-乳化后形成的膏体。雪花膏是一种非油腻性护肤用品，能抑制皮肤表皮水分的过分蒸发，使皮肤与外界干燥空气隔离，防止皮肤干燥、粗糙和开裂。雪花膏中含有保湿剂，可以调节和保持角质层的含水量，使皮肤表皮柔软而富有弹性。

三、主要试剂及仪器

试剂：三压硬脂酸，氢氧化钾，甘油，单硬脂酸甘油酯，十六醇，香精，尼泊金酯、灭菌水。

仪器：搅拌器，三口烧瓶，烧杯，温度计。

四、实验操作步骤

1. 配方

试剂名称	含量/%
三压硬脂酸	10
单硬脂酸甘油酯	1.5
十六醇	3
甘油	10
氢氧化钾（100%）	0.5
香精	适量
尼泊金酯	适量
灭菌水	75

2. 先将配方中的三压硬脂酸、单硬脂酸甘油酯、十六醇、甘油等一起混合加热到90℃，保持30min（灭菌）制成油相；再将氢氧化钾溶于灭菌水中，加热30min（灭菌）制成水相。然后在剧烈搅拌下将水相慢慢加入油相中，全部加完后保持此温度一段时间进行皂化反应。反应完毕后，冷却至40℃，添加防腐剂（尼泊金酯）和香精，搅拌5～10min，冷却到室温，装瓶。

五、实验注意事项

1. 要用颜色洁白的工业三压硬脂酸，碘值在2以下，才能保证雪花膏的色泽和在储存过程中不酸败。

2. 水质应控制pH=6.5～7.5，总硬度小于100ppm（$1ppm=1\times10^{-6}$），氯离子浓度应小于50ppm，铁离子浓度应小于0.3ppm，否则会影响产品质量。

3. 实验中，应待产品冷却到40℃以下才能添加香精和防腐剂。

六、思考题

1. 说明配方中各组分的作用。

2. 为什么要严格控制水质质量?

3. 制备100kg雪花膏需硬脂酸（酸价208）15kg，硬脂酸中和成皂的百分数为20%，计算制备 100kg 雪花膏需纯度为 85%的 KOH 多少千克?

实验三　香水、花露水的制备实验

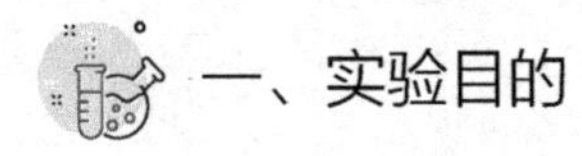

一、实验目的

1. 了解香水和花露水的配方及其制备原理。
2. 掌握香水和花露水的实验室配制和操作方法。

二、实验原理

将酒精精制，制成脱醛酒精，然后经配料、混合、静置、冷却、陈化、过滤后制得香水和花露水。

三、主要试剂和仪器

试剂：95%酒精，丙二醇，豆蔻酸异丙酯，没食子酸丙酯，柠檬酸，薄荷醇，氢氧化钠，香精，酸性湖蓝。

仪器：中量制备仪，500mL 圆底烧瓶、500mL 烧杯，500mL 锥形瓶，三角漏斗，电炉，温度计。

四、实验操作步骤

1. 配方

(1) 香水

组分名称	含量/%	组分名称	含量/%
脱醛酒精	76.0	香精	12.0
豆蔻酸异丙酯	0.5	蒸馏水	11.5

(2) 花露水

名称	含量/%	名称	含量/%
脱醛酒精	75.0	蒸馏水	18.5
丙二醇	3.0	香精	3.0
没食子酸丙酯	0.1	酸性湖蓝	适量
柠檬酸	0.1	薄荷醇	0.3

2. 脱醛酒精的制备

（1）回流

取 300mL 95%酒精置于 500mL 圆底烧瓶中，加入 1%NaOH 固体按图 5-1 回流装置操作，水浴加热回流 2～3h。

（2）蒸馏

回流液被冷却后，将回流装置改为蒸馏装置（如图 5-2 所示）。在水浴中加热蒸馏。蒸馏时，10mL 前馏分和 10～20mL 残液不用（回收），用干燥而洁净的锥形瓶收集中间馏分 250mL 左右，冷却后备用。

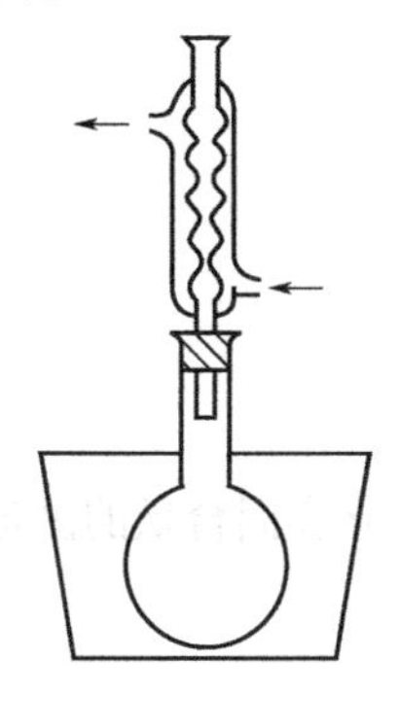

图 5-1　回流

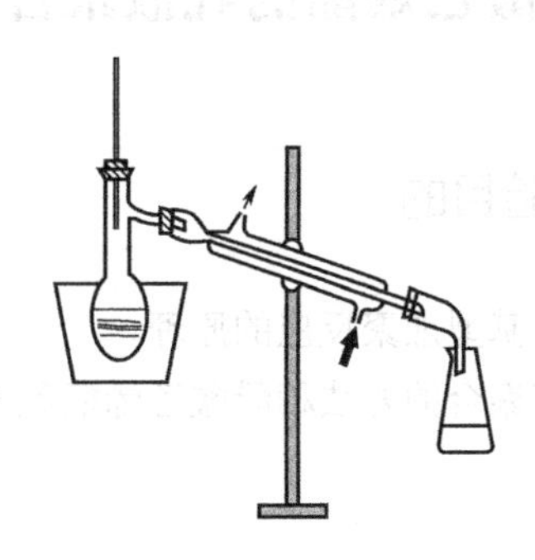

图 5-2　蒸馏

3. 香水和花露水的配制

（1）香水的配制

在 500mL 洁净的烧杯中，将豆蔻酸异丙酯在搅拌下溶于脱醛酒精中，然后加入香精（15℃），搅匀，最后加入蒸馏水，混匀，放置 24h，如果有沉淀，加 $MgCO_3$ 作助滤剂滤除沉淀物。

（2）花露水的配制

① 在 500mL 洁净烧杯中，将丙二醇、柠檬酸、没食子酸丙酯溶于脱醛酒精中，再加入香料，搅拌均匀。

② 在不断搅拌下，加入蒸馏水使之混匀，再加入适量染料着色。同时，搅拌均匀，静置冷却 24h。

③ 用 $MgCO_3$ 作助滤剂，进行自然过滤。

4. 陈化

将过滤后的香水和花露水装于设有保护装置的贮瓶中，于 0～5℃温度下陈化 2～3 个月，然后升至室温，再过滤得产品。

五、实验注意事项

1. 称取原料必须准确无误，以防重称和漏称。

2. 加料顺序不能错，若先将水加入脱醛酒精中，再加入香精，则香精的溶解度变小，使产品产生混浊现象，导致实验失败。

3. 搅拌不宜过快，防止液体溅出。

4. 在配制场地，不能有明火，以防火灾和爆炸。

5. 陈化期后，升到室温如有沉淀，应过滤除去。

6. 水质要求洁净（同雪花膏）。

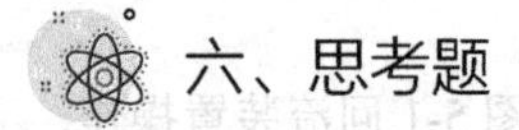

六、思考题

1. 配方中加入没食子酸丙酯有什么作用?
2. 酒精脱醛时为何要加入 1%NaOH 固体?
3. 陈化有何意义?

实验四　醋酸乙烯酯的乳液聚合实验

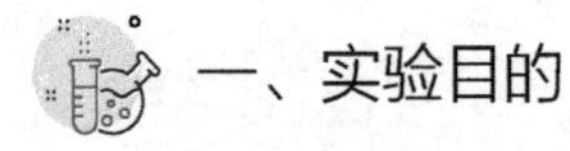

一、实验目的

1. 了解自由基型加聚反应的原理。
2. 掌握乳液聚合的方法和醋酸乙烯酯乳液的制备方法，学会固含量的测定方法。

二、实验原理

乳液聚合是烯烃单体在引发剂的作用下发生聚合反应，并在乳化剂的作用下分散在水相中形成乳状液。这种乳状液是以微胶粒（0.1～1.0μm）状态分散在水中的聚合物乳液。其优点是稳定性好、经济安全、不污染环境，被广泛应用于涂料和黏合剂。

醋酸乙烯酯通过乳液聚合得到的乳液广泛用于建筑涂料和木材、纸张的黏合剂等。反应式如下:

$$n\mathrm{CH_2{=}CH{-}O{-}\overset{\displaystyle O}{\overset{\|}{C}}{-}CH_3}\xrightarrow[\text{过硫酸钾}]{\text{聚乙烯醇}}\left[\mathrm{CH_2{-}\underset{\displaystyle O{-}\overset{\displaystyle O}{\overset{\|}{C}}{-}CH_3}{CH}}\right]_n$$

三、主要试剂与仪器

试剂：醋酸乙烯酯，聚乙烯醇，乳化剂 OP-10，过硫酸钾，碳酸氢钠，邻苯二甲酸二丁酯。

仪器：三口烧瓶，搅拌机，温度计，球形冷凝管，滴液漏斗。

四、实验操作步骤

1. 聚乙烯醇的溶解

在装有搅拌机、温度计和球形冷凝管的 250mL 三口烧瓶中加入 44mL 去离子水和 0.5g 乳化剂 OP-10，开动搅拌机搅拌，逐渐加入 3g 聚乙烯醇，加热升温至 80～90℃，保持 30min，直至聚乙烯醇全部溶解，冷却备用。

2. 过硫酸钾溶液的配制

将0.3g过硫酸钾（也可以用过硫酸铵代替）溶于水中配成5%（质量分数）的溶液。

3. 聚合

将10g新蒸馏过的醋酸乙烯酯和2mL 5%的过硫酸钾溶液加到上述三口烧瓶中，开动搅拌机搅拌，水浴加热，保持温度65～75℃，当回流基本消失时，用滴液漏斗在2～3h内缓慢地、按比例滴加34g醋酸乙烯酯和余量的过硫酸钾溶液，加料完毕后，升温到90～95℃，无回流为止，冷却至50℃加入2～4mL 5%的碳酸氢钠水溶液调节pH值至5～6，然后慢慢加入5g邻苯二甲酸二丁酯，搅拌冷却1h，得白色稠厚状乳液。

五、实验注意事项

1. 聚乙烯醇能溶于热水，不溶于冷水。因此，必须加热溶解。乳化剂OP-10的作用是乳化，得到均匀乳液。聚乙烯醇必须全部溶解，如使用工业品，可能会有少量皮屑状不溶物，可用粗孔铜丝网滤出。

2. 本实验成败的关键在于过硫酸钾和醋酸乙烯酯的滴加。要求二者的滴加速度要恰当，滴加速度要缓慢，防止加料过快引起事故。

3. 搅拌速度要适当，以中速搅拌为宜。升温也不能过快，特别是单体和引发剂滴加完毕后升温不能太快，否则反应太迅速使乳液固化将导致实验失败。

4. 瓶装的试剂级醋酸乙烯酯因加有阻聚剂，要蒸馏后才能使用。

5. 过硫酸钾是固体粉末，如果已受潮则不能使用。

6. 乳液制备完毕后要测定固含量，固含量为45%～50%。

六、思考题

1. 乳液配方中各组分的作用是什么?

2. 为什么大部分引发剂和单体要采用缓慢的均匀滴加方式加入?

3. 过硫酸钾用量过多或加料过快有何影响?

4. 加碳酸氢钠的作用是什么?

实验五　十二烷基二甲基苄基氯化铵的制备实验

一、实验目的

1. 了解季铵盐型阳离子表面活性剂的合成方法。

2. 掌握表面张力、泡沫性能的测定和界面张力仪、罗氏泡沫仪的使用方法。

二、实验原理

季铵盐型阳离子表面活性剂是叔胺和烷基化剂反应的产物，即氨基的四个氢原子被有机基团所取代，成为$R_1-\overset{\overset{\large R_2}{|}}{\underset{\underset{\large R_3}{|}}{N^+}}-R_4$。四个烷基中，一般只有 1～2 个烷基是长链烃基，其余烃基的碳原子数大多数为 1～2。季铵盐与胺盐不同，其不受 pH 变化的影响。不论在酸性、中性或碱性介质中季铵离子皆无变化。它除具有表面活性外，其水溶液具有很强的杀菌能力，因此，常用作消毒剂、杀菌剂。

本实验以十二烷基二甲基叔胺为原料、氯化苄为烷基化剂，制成杀菌力强的季铵盐型阳离子表面活性剂，其溶于水呈透明液体，发泡性好。反应式如下：

$$C_{12}H_{25}-\overset{\overset{CH_3}{|}}{\underset{\underset{CH_3}{|}}{N}} + ClCH_2-C_6H_5 \longrightarrow C_{12}H_{25}-\overset{\overset{CH_3}{|}}{\underset{\underset{CH_3}{|}}{N^+}}-CH_2-C_6H_5 \cdot Cl^-$$

三、主要试剂与仪器

试剂：十二烷基二甲基叔胺，氯化苄。

仪器：三口烧瓶，恒温磁力搅拌器，球形冷凝管，界面张力仪，泡沫测定仪。

四、实验操作步骤

在装有搅拌机、温度计和球形冷凝管的 150mL 三口烧瓶中加入 26.75g 十二烷基二甲基叔胺和 15g 氯化苄，在恒温磁力搅拌器上加热至 90～100℃，在此温度下反应 2h，得白色黏稠状液体，测其表面张力和泡沫性能。

五、实验注意事项

界面张力仪是较为精密的仪器，要注意使用方法。

六、思考题

1. 季铵盐型阳离子表面活性剂常用的烷基化剂有哪些?
2. 试说明季铵盐型阳离子表面活性剂的工业用途。
3. 试说明季铵盐型阳离子表面活性剂的杀菌能力。

实验六 阿司匹林（Aspirin）的合成与表征实验

一、实验目的

1. 掌握酯化反应和重结晶的原理及基本操作。
2. 熟悉搅拌机的安装及使用方法。

二、实验原理

阿司匹林为解热镇痛药，用于治疗伤风、感冒、头痛、发烧、神经痛、关节痛及风湿病等。近年来，又证明它具有抑制血小板凝聚的作用，其治疗范围又进一步扩大到预防血栓形成、治疗心血管疾患等。阿司匹林的化学名为2-乙酰氧基苯甲酸，化学结构式为：

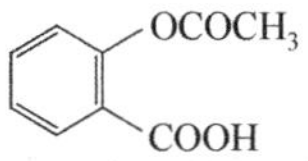

(苯环邻位取代：$OCOCH_3$，$COOH$)

阿司匹林为白色针状或板状结晶，熔点135～140℃，易溶于乙醇，可溶于氯仿、乙醚，微溶于水。

合成路线如下：

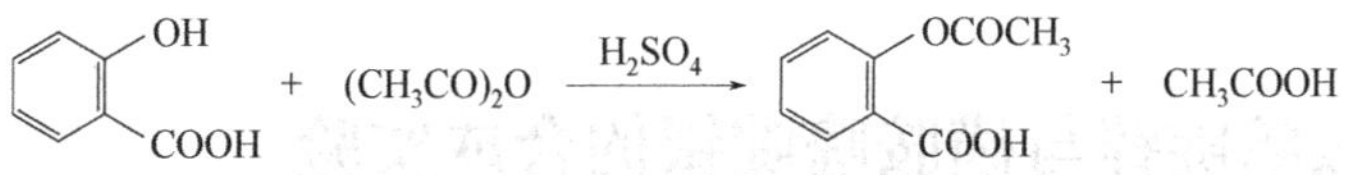

$$\text{C}_6\text{H}_4(\text{OH})(\text{COOH}) + (CH_3CO)_2O \xrightarrow{H_2SO_4} \text{C}_6\text{H}_4(\text{OCOCH}_3)(\text{COOH}) + CH_3COOH$$

三、主要试剂与仪器

试剂：水杨酸，醋酐（乙醇酐），浓硫酸，乙醇，活性炭，硫酸铁铵，冰醋酸，盐酸。

仪器：三口烧瓶，搅拌机，温度计，油浴锅，比色管，干燥箱。

四、实验操作步骤

1. 酯化

在装有搅拌棒及球形冷凝器的100 mL三口瓶中，依次加入水杨酸10g、醋酐14mL、浓硫酸5滴。开动搅拌机，置油浴加热，待浴温升至70℃时，维持在此温度反应30min。停止搅拌，稍冷，将反应液倾入150mL冷水中，继续搅拌，至阿司匹林全部析出。抽滤，用少量稀乙醇洗涤，压干，得粗品。

2. 精制

将所得粗品置于附有球形冷凝器的100 mL圆底烧瓶中，加入30 mL乙醇，于水浴上加热至阿司匹林全部溶解，稍冷，加入活性炭回流脱色10 min，趁热抽滤。将滤液慢慢倾入75mL热水中，自然冷却至室温，析出白色结晶。待结晶析出完全后，抽滤，用少量稀乙醇洗涤，压干，置红外灯下干燥（干燥时温度不超过 60℃为宜），测熔点，计算收率。

3. 水杨酸限量检查

取阿司匹林 0.1g，加 1mL 乙醇溶解后，加冷水适量，制成 50mL 溶液。立即加入 1mL 新配制的稀硫酸铁铵溶液，摇匀；30s 内显色，与对照液比较，不得更深（0.1%）。

对照液的制备：精密称取水杨酸 0.1g，加少量水溶解后，加入 1mL 冰醋酸，摇匀；加冷水适量，制成 1000mL 溶液，摇匀。精密吸取 1mL，再加入 1mL 乙醇、48mL 水及 1mL 新配制的稀硫酸铁铵溶液，摇匀。

稀硫酸铁铵溶液的制备：取盐酸（1mol/L）1mL，硫酸铁铵指示液 2mL，加冷水适量，制成 1000 mL 溶液，摇匀。

4. 结构确证

(1) 红外吸收光谱法、标准物 TLC 对照法。

(2) 核磁共振光谱法。

五、思考题

1. 向反应液中加入少量浓硫酸的目的是什么？是否可以不加？为什么？
2. 本反应可能发生哪些副反应？产生哪些副产物？
3. 阿司匹林精制选择溶剂依据什么原理？为何滤液要自然冷却？

实验七　磺胺嘧啶锌与磺胺嘧啶银的合成实验

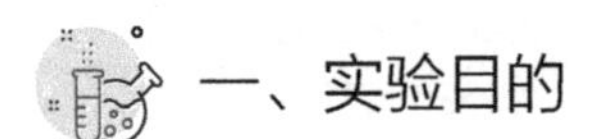

一、实验目的

了解拼合原理在药物结构修饰中的应用。

二、实验原理

磺胺嘧啶银为应用于烧伤创面的磺胺药，对绿脓杆菌有较强的抑制作用，其特点是保持了磺胺嘧啶与硝酸银二者的抗菌作用。除用于治疗烧伤创面感染和控制感染外，还可使创面干燥、结痂，促进愈合。但磺胺嘧啶银成本较高，且易氧化变质，故制成磺胺嘧啶锌，以代替磺胺嘧啶银。其化学名分别为 2-（对氨基苯磺酰胺基）嘧啶银（SD-Ag）、2-（对氨基苯磺酰胺基）嘧啶锌（SD-Zn），化学结构式分别为：

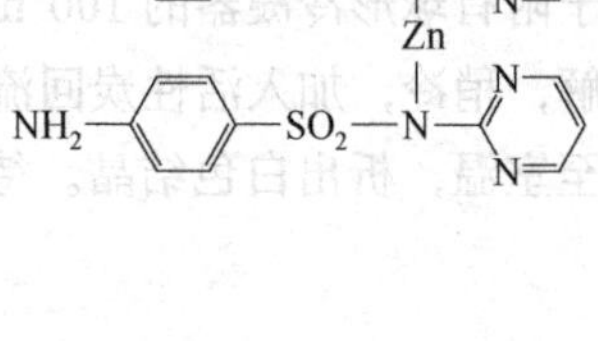

磺胺嘧啶银为白色或类白色结晶性粉末，遇光或遇热易变质，在水、乙醇、氯仿或乙醚中均不溶。磺胺嘧啶锌为白色或类白色粉末，在水、乙醇、氯仿或乙醚中均不溶。

合成路线如下：

$$NH_2-C_6H_4-SO_2-NH-(2\text{-嘧啶基}) + NH_3\cdot H_2O \longrightarrow NH_2-C_6H_4-SO_2-N(NH_4)-(2\text{-嘧啶基}) + H_2O$$

$$NH_2-C_6H_4-SO_2-N(NH_4)-(2\text{-嘧啶基}) \xrightarrow{AgNO_3} NH_2-C_6H_4-SO_2-N(Ag)-(2\text{-嘧啶基})$$

$$NH_2-C_6H_4-SO_2-N(NH_4)-(2\text{-嘧啶基}) \xrightarrow{ZnSO_4} [NH_2-C_6H_4-SO_2-N(2\text{-嘧啶基})]_2Zn$$

三、主要试剂与仪器

试剂：磺胺嘧啶，氨水，硝酸银，硫酸锌，氯化钡。

仪器：烧杯，搅拌机，漏斗。

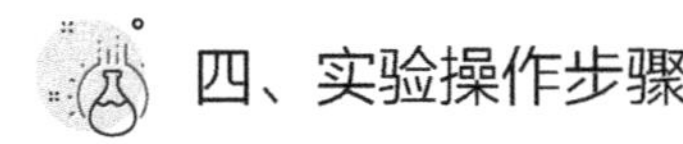

四、实验操作步骤

1. 磺胺嘧啶银的制备

取磺胺嘧啶 5g，置于 50mL 烧杯中，加入 10%氨水 20mL 溶解。再称取 $AgNO_3$ 3.4g 置于 50mL 烧杯中，加 10mL 氨水溶解，搅拌，将 $AgNO_3$-氨水溶液倾入磺胺嘧啶-氨水溶液中，片刻析出白色沉淀，抽滤，用蒸馏水洗至无 Ag^+反应，得本品。干燥，计算收率。

2. 磺胺嘧啶锌的制备

取磺胺嘧啶 5g，置于 100mL 烧杯中，加入稀氨水（4mL 浓氨水中加入 25mL 水），如有不溶的磺胺嘧啶，再补加少量浓氨水（约 1mL）使磺胺嘧啶全溶。另称取硫酸锌 3g，溶于 25mL 水中，在搅拌下倾入上述磺胺嘧啶氨水溶液中，搅拌片刻析出沉淀，继续搅拌 5min，过滤，用蒸馏水洗至无硫酸根离子反应（用 0.1mol/L 氯化钡溶液检查），干燥，称重，计算收率。

3. 结构确证

（1）红外吸收光谱法、标准物 TLC 对照法。

（2）核磁共振光谱法。

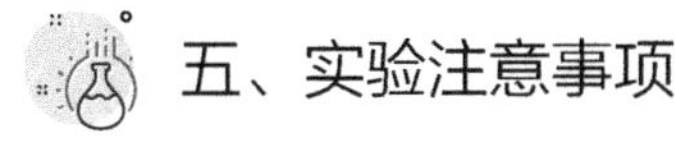

五、实验注意事项

合成磺胺嘧啶银时，所有仪器均需用蒸馏水洗净。

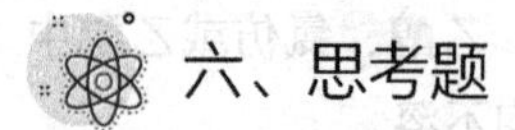

六、思考题

1. 在 SD-Ag 及 SD-Zn 的合成过程中为什么都要先作成铵盐?
2. 比较 SD-Ag 及 SD-Zn 的合成及临床应用方面的优缺点。
3. 试说明磺胺嘧啶银的杀菌机理。

实验八　对氨基水杨酸钠稳定性实验

一、实验目的

通过本实验，加强对实验中防止药物氧化重要性的认识。

二、实验原理

对氨基水杨酸钠（PAS-Na）用于治疗各种结核病，尤其适用于肠结核、骨结核及渗出性肺结核的治疗。对氨基水杨酸钠的化学结构式为:

NH_2 / OH / COONa · $2H_2O$

对氨基水杨酸钠为白色或银灰色结晶性粉末，熔点 142～145℃，难溶于水及氯仿，溶于乙醇及乙醚，几乎不溶于苯。

对氨基水杨酸钠盐水溶液很不稳定，易被氧化，遇光、热颜色逐渐变深。在铜离子存在下，加速氧化。如有抗氧剂或金属络合剂存在，可有效地防止氧化。用光电比色计测定透光率（*T*）可看出其变化程度。

反应如下:

PAS-Na $\xrightarrow{-CO_2}$ 间氨基苯酚 $\xrightarrow{[O]}$ 醌式氧化产物（H_2N、NH_2、HO、OH、O=、=O）$\xrightarrow{[O]}$ 醌式氧化产物（HO、OH、O=、=O）

三、主要试剂与仪器

试剂：水杨酸钠，双氧水，过硫酸钠，硫酸铜，EDTA。

仪器：水浴锅，烧杯，试管，搅拌机，温度计，722 型分光光度计。

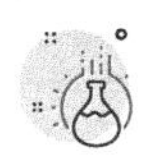

四、实验操作步骤

取 5 支试管，分别编号，各加入 0.025% PAS-Na 溶液 10mL。除 1 号试管外，其他各试管中分别加入双氧水（10mL→50mL）12 滴。在 3 号试管中加入 $Na_2S_2O_5$ 试液（10g→30mL）20 滴。在 4 号、5 号试管中分别加入 Cu^{2+} 试液（2mg→10mL）6 滴。在 5 号试管加入 EDTA 试液（10mg→10mL）20 滴。各试管用蒸馏水稀释至刻度一致。

将所有试管同时置入 80～90℃水浴中，记录置入时间，维持此温度，间隔 30min 取样，放置至室温，用 722 型分光光度计在 440nm 处测定各样品的透光率。

五、思考题

1. 药物被氧化着色与哪些因素有关？如何采取措施防止药物被氧化？
2. PAS-Na 氧化后生成何物？写出反应式。
3. 简述防止药物氧化的重要性。

实验九 盐酸小檗碱的提取和测定实验

一、实验目的

1. 掌握盐酸小檗碱的结构特点和特殊的理化性质以及一般提取精制方法。
2. 了解盐酸小檗碱的检测方法。

二、实验原理

小檗碱，$C_{20}H_{18}ClNO_4$，系季铵生物碱。其游离碱呈微黄色针状结晶（乙醚），熔点 145℃；小檗碱能缓慢溶于冷水（1∶20），可溶于冷乙醇（1∶100），易溶于热水或热乙醇。难溶于苯、丙酮、氯仿，几乎不溶于石油醚。小檗碱与氯仿、丙酮、苯在碱性条件下均能形成加成物。

本实验提取的原理是小檗碱的盐酸盐在水中溶解度小（1∶500），而小檗碱的硫酸盐在水中溶解度较大（1∶30）。因此，从植物原料中提取小檗碱时常用稀硫酸水溶液浸泡，然后向提取液中加 10%的食盐，在盐析的同时，也提供了氯离子，使其硫酸盐转变为小檗碱即盐酸小檗碱而析出。

三、主要试剂与仪器

试剂：黄柏或三颗针，硫酸，脱脂棉，石灰，盐酸，硝酸，漂白粉，丙酮，氢氧化钠，正丁醇，氯化钠，冰醋酸。

仪器：烧杯，pH 试纸，搅拌机，温度计，水浴锅。

四、实验操作步骤

1. 盐酸小檗碱的提取

称取三颗针（或黄柏）粗粉 150g，置于 2000mL 烧杯中，加入 8 倍量 0.3%硫酸水溶液浸泡 24h，用脱脂棉过滤（如工业生产，应反复浸泡 2～3 次）。滤液中加石灰乳调 pH 为 12，静置 30min，用脱脂棉过滤，滤液用浓盐酸调 pH 为 2～3，再加入滤液量 10%（g/mL）的固体氯化钠，搅拌使完全溶解后，继续搅拌至出现微浑浊现象为止，放置过夜，即有盐酸小檗碱沉淀析出。抽滤得盐酸小檗碱粗品。

2. 盐酸小檗碱的精制

将取得的粗品（未干燥）放入 20 倍量沸水中，搅拌溶解，继续加热数分钟，趁热过滤。滤液放置过夜，滤取结晶，用蒸馏水洗数次，抽干，80℃干燥，即得精制盐酸小檗碱。

3. 盐酸小檗碱的检测

（1）浓硝酸或漂白粉实验

取盐酸小檗碱少许，加稀盐酸（1∶1）8mL 溶解，分置于两支试管中。一支试管中滴加浓硝酸 2 滴，即显樱红色。另一支试管中加少许漂白粉，也立即显樱红色。

（2）丙酮实验

取盐酸小檗碱约 500mg，加蒸馏水 5mL 缓缓加热，溶解后加 2 滴 10%NaOH 溶液，显橙色。溶液放冷，过滤，取澄清溶液，加丙酮，即发生浑浊。放置后析出黄色丙酮小檗碱沉淀。

（3）纸层析检测

支持剂：新华层析滤纸（20cm×7cm）。

样品：实验所得精制盐酸小檗碱乙醇溶液。

对照品：盐酸小檗碱标准乙醇溶液。

展开剂：正丁醇∶冰醋酸∶水（4∶1∶1）或（7∶1∶2）。

显色：紫外灯下观察。

五、实验注意事项

1. 浸泡试材粗粉的硫酸水溶液，浓度不宜过高，一般以 0.2%～0.3%为宜。若硫酸水溶液浓度过高，小檗碱可成为硫酸小檗碱，其溶解度（1∶100）明显较硫酸小檗碱（1∶30）小，从而影响提取效果。硫酸水溶液浸出效果与浸泡时间有关，有报道，浸泡 12h 约可浸出硫酸小檗碱 80%，浸泡 24h 可以浸出 92%。常规浸出应浸泡多次，使小檗碱完全提取，在本实验中只收集第一次的浸出液。

2. 盐析时，加入氯化钠的量，以提取量的 10%计算，即可以达到析出盐酸小檗碱的目的。氯化钠的用量不可过多，否则溶液的相对密度增大，造成细小的盐酸结晶呈悬浮状难以下沉。

盐析用的氯化钾应为市售的精制钾盐，因食盐混有较多的泥沙等杂物，影响提取。

3. 在精制盐酸小檗碱过程中，因盐酸小檗碱放冷极易析出结晶，所以加热煮沸后，应迅速抽取或保温过滤，防止溶液在过滤过程中冷却，析出盐酸小檗碱结晶，过滤困难，而降低提取效率。

六、思考题

1. 简述盐酸小檗碱的功效和作用。
2. 简述盐酸小檗碱的提取工艺。
3. 简述提高盐酸小檗碱提取率的途径。

实验十　辣椒素的提取及含量测定实验

辣椒的辛辣是由辣椒素引起的，故其辣味程度与辣椒素含量有关。在研究辣椒的风味品质中，需要测定辣椒素的含量，用以表示辣味的强弱，本实验包括两种定量测定辣椒素的方法。

Ⅰ　紫外分光光度法

一、实验目的

1. 掌握辣椒素分光光度比色法测定原理及方法。
2. 比较不同品种辣椒的辣椒素含量。

二、实验原理

辣椒素的化学名称为反式-8-甲基-*N*-香草基-6-壬烯酰胺，是由酚类衍生的一种酰胺，可被水解成香草基胺和癸烯酸，由于分子中含有一个酚性羟基，呈酸性，能溶解于氢氧化钠水溶液中，故利用这种性质可以从辣椒中提取辣椒素，并通过在紫外295nm或246nm处测其吸光度值，即可求得辣椒素含量。

三、主要试剂与仪器

1. 试剂：各种品种的辣椒，标准辣椒素（Sigma Co.），乙醚，四氯化碳，冰乙酸，氯化钠，氢氧化钠。

2. 仪器：索氏提取器，恒温水浴，紫外分光光度计，分液漏斗（250cm），容量瓶。

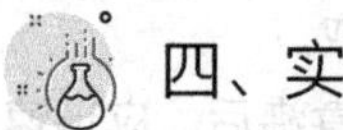

四、实验操作步骤

1. 标准曲线的制作

称取25mg标准辣椒素，溶于25mL含2%氯化钠的0.5mol/L氢氧化钠溶液中，制成100μg/mL母液。将此母液再配成每毫升分别含4μg、6μg、8μg、10μg、12μg、14μg、16μg、18μg、20μg的标准溶液。在紫外295nm或246nm波长处，以氢氧化钠溶液做参比，测其消光值，以辣椒素的浓度为横坐标，消光值为纵坐标绘制标准曲线。

2. 样品的提取

取成熟的辣椒果实置60～80℃下烘烤12h，用研钵研成粉末，过筛，混匀，精确称取0.50～1.0g。用定量滤纸包好，置索氏提取器中，用乙醚蒸馏提取20h，恒温水浴温度应保持在65～75℃之间。乙醚回收后，在残存物中加四氯化碳，并定容至25mL。取四氯化碳溶液10mL，置分液漏斗中，再加入10mL含2%氯化钠的0.5mol/L的乙酸溶液，充分振荡后静止约4h。此时溶液分上下层，上层为水层，下层为四氯化碳层，取四氯化碳层溶液5mL，置一大试管中，加入2%氯化钠的0.5mol/L氢氧化钠溶液，充分振荡后静止约2h，取上清液待测。

3. 测定

取上述试管中的上清液于比色杯中，在295nm或246nm波长处测定消光值，从标准曲线求得相应浓度。

五、结果计算

$$辣椒素含量 = \frac{r \times 50(稀释倍数)}{样重 \times 10^6} \times 100\%$$

Ⅱ　可见光比色法

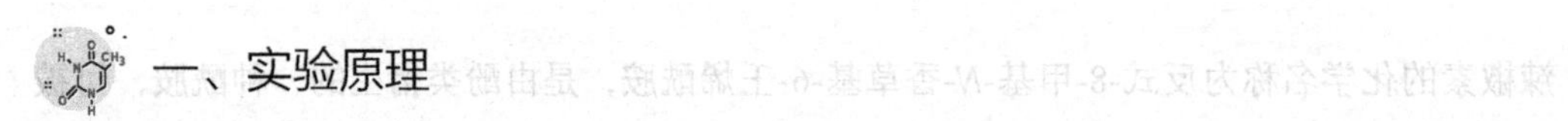

一、实验原理

辣椒素是一种酚类的衍生物，故也可用酚类显色剂——Folin-酚试剂使其呈色，并在750nm处测定消光值，即可求出辣椒素的含量。

二、主要试剂与仪器

1. 试剂：各种品种的辣椒，Folin-酚试剂，1.0mol/L磷酸二氢钠，其他同紫外分光光度法。
2. 仪器：同实验Ⅰ。

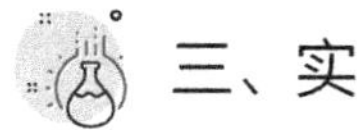

三、实验操作步骤

1. 标准曲线的制作

准确称取 25mg 标准辣椒素，溶于含 2%氯化钠的 0.5mol/L 氢氧化钠溶液中，制成 1000μg/mL 母液。用此母液再配制每毫升分别含 4μg、6μg、8μg、10μg、12μg、14μg、16μg、18μg、20μg 的标准溶液。准确吸取 5.0mL 含有各种浓度的辣椒素标准溶液，并加入 Folin-酚试剂和 1.0mol/L 磷酸二氢钠混合液 5.0mL（比例为 1∶4），临时配制，充分混匀，于沸水浴中加热 7min，即能呈蓝色。冷却后在 120min 内于 750nm 处测定消光值，以辣椒素浓度为横坐标，消光值为纵坐标，绘制标准曲线。

2. 样品提取

同紫外分光光度法。

3. 测定

除加入的标准液改为样品液外，其余操作完全和标准曲线制作相同。

四、结果计算

辣椒素含量的计算同紫外分光光度法。

备注：Folin-酚试剂配制。

（1）Folin-酚试剂甲：将 10g Na_2CO_3、2g NaOH 和 0.25g 酒石酸钾钠（$KNaC_4H_4O_6 \cdot 4H_2O$）溶解于 500mL 蒸馏水中，制成溶液（A）；将 0.5g 硫酸铜（$CuSO_4 \cdot 5H_2O$）溶解于 100mL 蒸馏水中，制成溶液（B）。每次使用前，将 50 份（A）与 1 份（B）混合，即为试剂甲。

（2）Folin-酚试剂乙：在 2L 磨口回流瓶中，加入 100g 钨酸钠（$Na_2WO_4 \cdot 2H_2O$）、25g 钼酸钠（$Na_2MoO_4 \cdot 2H_2O$）及 700mL 蒸馏水，再加 50mL85%磷酸、100mL 浓盐酸，充分混合，接上回流管，以小火回流 10h，回流结束时，加入 150g 硫酸锂（Li_2SO_4）、50mL 蒸馏水及数滴液体溴，开口继续沸腾 15min，以便驱除过量的溴。冷却后溶液呈黄色（如仍呈绿色，须再重复滴加液体溴的步骤）。稀释至 1L，过滤，滤液置于棕色试剂瓶中保存。使用标准 NaOH 溶液滴定，酚酞作指示剂，然后适当稀释，约加水 1 倍，使最终的酸浓度为 1mol/L 左右。

五、思考题

1. 简述辣椒素的功效和作用。
2. 简述辣椒素的提取工艺。

实验十一　松针油的提取及含量测定实验

一、实验目的

1. 以松针油为例，掌握挥发油的提取方法。
2. 学习挥发油的性质及相关知识。

二、实验原理

各种针叶树的针叶都含有挥发油，这种挥发油称为松针油，又叫针叶油。

松针油是由各种萜烯、萜烯醇及其酯类所组成的混合物，其中最重要和最有价值的组成成分是乙酸龙脑酯（冷杉松针油中含量最高）。

松针油主要用于香水化妆品、喷雾香精、香皂、牙膏、制药及食品工业。松树针叶中精油（挥发油）含量最多的是冷杉，平均含量2.0%～2.5%，其次是云杉、红松、落叶松。

各类香料类物质很容易挥发，大多可用水蒸气蒸馏法提取。

三、主要试剂与仪器

1. 试剂：马尾松针叶、杉叶、落叶松叶。

2. 仪器：水蒸气蒸馏装置1套。

四、实验操作步骤

1. 工艺流程

松针→选料→切碎→蒸馏→冷凝→分油→松针油

松针叶中含有数种不同沸点（140～262℃）的有机物，采用水蒸气蒸馏时，蒸馏温度不超过100℃，这对保持油的品质很有意义，故其生产上常用蒸馏的方法。国内外用于提取松针油的方法主要有水蒸气蒸馏法、有机溶剂萃取法、超声波法等。本实验采用水蒸气蒸馏法。

2. 操作方法

① 装料：要装得紧密均匀，采用边装料边通蒸汽的方法。先在整个截面上均匀铺上一层料，通入蒸汽，蒸汽上升时，往漏气的地方放料填实，以使蒸汽均匀地通过原料层，装满后，清除蒸汽导管的针叶，然后盖盖。将漏气缝隙堵塞好。

② 蒸馏：蒸汽流量要均匀，注意及时添水以防止干锅。从冷凝管流出第一滴液体之后，过20～30min后大量来油，这时馏出液油水比为2∶8，原料中60%的油在3～4h被大量蒸馏出来。冷凝管流出液温度控制在30～35℃以下，当油水分离器流出的油量很少时，说明蒸馏已快结束。

③ 卸料：一般在下卸料口卸出。

④ 收油：将油称量后收集于大玻璃瓶内，避免与空气接触，满至瓶上口为止。沉淀3～4d以除去油中含有的少量水分，上层净油装桶时用纱布过滤杂质。避免与铁接触。

五、结果计算

根据下式计算：

$$松针油含量=\frac{松针油量（g）}{样品质量（g）}\times 100\%$$

六、思考题

1. 简述松针油的功效和作用。
2. 简述松针油的提取工艺。
3. 采用水蒸气蒸馏时，为什么蒸馏温度不能超过100℃?

实验十二　果胶提取实验

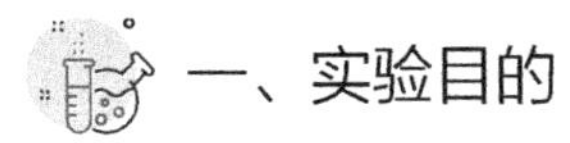

一、实验目的

1. 学习从柑橘皮中提取果胶的方法。
2. 进一步了解果胶质的有关知识。

二、实验原理

果胶广泛存在于植物中，主要分布于细胞壁之间的中胶层，尤其以果蔬中含量为多。不同的果蔬含果胶的量不同，山楂约为6.6%，柑橘为0.7%～1.5%，南瓜含量较多为7%～17%。在果蔬中，尤其是在未成熟的水果和果皮中，果胶多数以原果胶存在，原果胶不溶于水，用酸水解，生成可溶性果胶，再进行脱色、沉淀、干燥即得商品果胶。从柑橘皮中提取的果胶是高酯化度的果胶，在食品工业中常用来制作果酱、果冻等食品。

三、主要试剂与仪器

试剂：95%乙醇，无水乙醇，0.2mol/L盐酸溶液，6mol/L氨水，活性炭，柑橘皮（新鲜）。

仪器：恒温水浴，布氏漏斗，抽滤瓶，玻棒，尼龙布，表面皿，精密pH试纸，烧杯，电子天平，小刀，真空泵。

四、实验操作步骤

1. 称取新鲜柑橘皮20g（干品为8g），用清水洗净后，放入250mL烧杯中，加120mL水，加热至90℃保温5～10min，使酶失活。用水冲洗后切成3～5mm大小的颗粒，用50℃左右的热水漂洗，直至水为无色，果皮无异味为止。每次漂洗都要把果皮用尼龙布挤干，再进行下一次漂洗。

2. 将处理过的果皮粒放入烧杯中，加入 0.2mol/L 的盐酸（以浸没果皮为度），调节溶液的 pH 在 2.0～2.5 之间。加热至 90℃，在恒温水浴中保温 40min，保温期间要不断地搅动，趁热用垫有尼龙布（100 目）的布氏漏斗抽滤，收集滤液。

3. 在滤液中加入 0.5%～1%的活性炭，加热至 80℃，脱色 20min，趁热抽滤。（如橘皮漂洗干净，滤液清澈，则可不脱色。）

4. 滤液冷却后，用 6mol/L 氨水调至 pH 为 3～4，在不断搅拌下缓缓地加入 95%乙醇溶液，加入乙醇的量为原滤液体积的 1.5 倍（使其中乙醇的质量分数达 50%～60%）。酒精加入过程中即可看到絮状果胶物质析出，静置 20min 后，用尼龙布（100 目）过滤制得湿果胶。

5. 将湿果胶转移于 100mL 烧杯中，加入 30mL 无水乙醇洗涤湿果胶，再用尼龙布过滤、挤压。将脱水的果胶放入表面皿中摊开，在 60～70℃下烘干。将烘干的果胶磨碎过筛，制得干果胶。

五、实验注意事项

1. 脱色过程中如抽滤困难可加入 2%～4%的硅藻土作助滤剂。
2. 湿果胶用无水乙醇洗涤，可进行 2 次。
3. 可用分馏法回收滤液中的乙醇。

六、思考题

1. 从柑橘皮中提取果胶时，为什么要加热使酶失活?
2. 沉淀果胶除用乙醇外，还可用什么试剂?
3. 在工业上，可用什么果蔬原料提取果胶?

实验十三　湘西椪柑皮中橙皮苷的提取及含量测定实验

一、实验目的

1. 了解橙皮苷的药理作用。
2. 掌握湘西椪柑皮中橙皮苷的提取及含量测定方法。

二、实验原理

柑橘皮中富含柑橘皮油、柑橘黄酮等生理活性物质，其中的橙皮苷属黄酮类糖苷，外观为类白色或淡黄色粉末，具有维持正常渗透压、增强毛细血管韧性、缩短出血时间、降低胆固醇等作用，主要用于治疗心脑血管疾病。

植物中黄酮类物质的提取方法有乙醇提取法、加热抽提法或冷浸法、系统溶剂提取法、溶剂萃取法、碱提取酸沉淀法，芦丁、橙皮苷、黄芩苷一般用碱提取酸沉淀法，本实验也是用最后一种方法进行椪柑皮中橙皮苷的提取。

原料在 pH=2.0、温度为 50℃左右热水中煮沸 5min 提出果胶，以免出现提取液在提取时或者在调酸时变为冻状物，使得橙皮苷产率不高，甚至出现提取失败的现象，然后滤渣用饱和 $Ca(OH)_2$ 浸泡，液料比为 20∶1，碱浸 pH=14，温度为 30℃左右，超声波处理 25～35min，酸析（pH5.0），提取液静置时间 36～48h，抽滤，所得结晶于 60℃下烘约 3h，就可得到橙皮苷粗品。

三、主要试剂与仪器

1. 试剂（列出实验所需的试剂名称和规格）：新鲜椪柑皮（或在药店购买的陈皮），氢氧化钠，硫酸，乙醇，饱和石灰水，盐酸，1～14pH 试纸，镁粉，碱性酒石酸铜试液，等。

碱性酒石酸铜试液配制：①取硫酸铜结晶 6.93g，加水使溶解成 100mL。②取酒石酸钾钠结晶 34.6g 与氢氧化钠 10g，加水使溶解成 100mL。用时将两溶液等量混合，即得。

2. 仪器：Lambda6 型紫外可见分光光度计，FA2104N 电分析天平，SHB-111 循环水式多用真空泵，KQ250-E 超声清洗器，星火牌 C 型数显鼓风干燥箱，DS-1 高速组织捣碎机（上海标本模型厂）。

四、实验操作步骤

1. 原料预处理

选取新鲜无杂质的椪柑皮，在 60℃干燥箱中烘 1h，烘干至无水分，在高速组织捣碎机上粉碎为 5mm 大小的碎渣，不能太细，以免后续过滤困难。

2. 除去果胶

准确称取 50g 椪柑皮粉末，置于 250mL 烧杯中，加水 200mL 使液料比为 4∶1（mL/g，下同），沸水煮 5min，加入 1∶1 盐酸调 pH=2.0 后置于超声波仪器上，控制温度为 50℃，超声波处理 30min。用紧致纱布过滤，用约 20mL 去离子水分多次洗涤滤渣，滤渣留作下步提取橙皮苷，滤液为果胶，弃去。

3. 提取橙皮苷粗品

将上步得到的滤渣倒入 250mL 烧杯中，量取 100mL 饱和石灰水，先用约 20mL 饱和石灰水洗净纱布，洗液一并倒入滤渣烧杯中，然后倒入剩余 80mL 饱和石灰水浸泡（即液料比 10∶1），用 0.5mol/L NaOH 溶液调 pH=14 后（用玻璃棒蘸微量母液于 pH 试纸检验），于 40℃下超声波处理 30min。用紧致纱布过滤，用 20mL 去离子水少量多次洗涤药渣，药渣弃去，合并滤液，用 1∶1 盐酸调 pH 值 4.0（用玻璃棒蘸微量母液于 pH 试纸检验），静置 36～48h 使之沉淀。抽滤，所得沉淀于 60℃下烘约 3h，得到橙皮苷粗品。

4. 精制

将橙皮苷粗品溶解于5%的氢氧化钠溶液中，过滤，滤渣弃去，向滤液中滴加6mol/L的硫酸溶液，直至溶液pH=4～5，在室温下静置24h使之沉淀，过滤，用水洗涤沉淀，直至洗出液的pH=6～7，将沉淀于60℃下烘3h，得到淡黄色的橙皮苷精制品。

5. 橙皮苷产率计算

准确称量橙皮苷精制品，按50g原料计算产率。

6. 橙皮苷定性检测

① 取本品0.1g，加95%乙醇5mL，20%NaOH溶液1mL，煮沸2～3min，冷却，过滤，滤液显黄色。

② 取本品约5mg，加95%乙醇5mL，加热溶解后加浓盐酸2mL，加镁粉0.2g，放置后，显紫红色。

③ 取本品0.2g，加1∶1盐酸10mL，煮沸5min，冷却，过滤。滤液用20%NaOH试液中和，加碱性酒石酸铜试液3mL，加热，生成红色沉淀。

7. 橙皮苷定量检测

(1) 标准曲线的制作

准确称取橙皮苷标准品10mg，置于500mL容量瓶中，加入50%乙醇10mL，置于水浴中加热使溶解，冷却至室温后加入50%乙醇，稀释至刻度线，摇匀，分别精密量取15mL、20mL、25mL、30mL、35mL于50mL容量瓶中，用50%乙醇稀释至刻度，摇匀，用紫外分光光度计在283 nm处（由图5-3可知，橙皮苷在此处吸光度最大）测定吸光度，以50%乙醇为参比溶液。以橙皮苷浓度为横坐标，吸光度为纵坐标绘制标准曲线如图5-4所示。

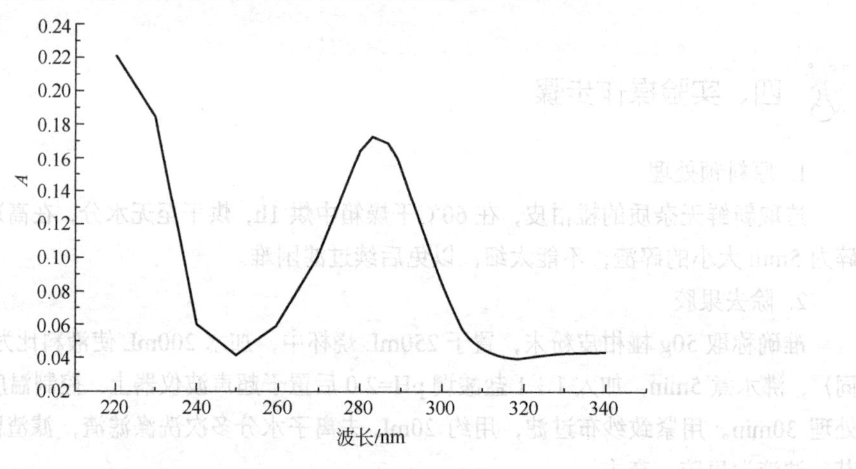

图5-3 橙皮苷的紫外光谱图

(2) 产品的吸光度测定

准确称取精制后的产品10mg，置于500mL容量瓶中，加入50%乙醇10mL，置于水浴中加热使溶解，冷却至室温后加入50%乙醇，稀释至刻度线，摇匀，精密量取25.00mL置于50mL容量瓶中，用50%乙醇稀释至刻度，摇匀，用紫外分光光度计在283nm处测定吸光度，并根据标准曲线计算含量。

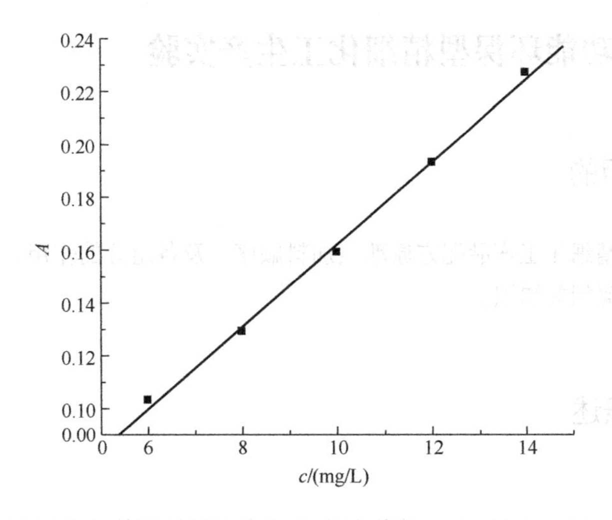

图 5-4　橙皮苷的标准曲线

用最小二乘法处理数据，进行线性回归，代入数据，求得橙皮苷标准曲线方程为：

$$A=0.0156c+0.0062 \quad R=0.9984$$

式中，c 为橙皮苷浓度，mg/L；A 为吸光度。

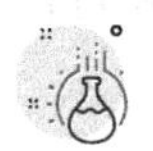

五、实验注意事项

1. 原料要用无发霉、无杂质的新鲜椪柑皮。

2. 过滤时可用紧致纱布过滤，如用滤纸过滤，过滤过程将耗时较长。

3. 果胶对橙皮苷的提取有很大的影响，本实验方案若用于椪柑皮的联合提取，则可将预处理后的滤液再加工提取果胶，将使椪柑皮的利用更充分。

4. 在无预处理的橙皮苷提取过程中，经常出现提取液在提取时或者在调酸时变为冻状物的现象，使得橙皮苷产率不高，甚至提取失败。出现此现象的原因可能是：提取液中溶有一定量的果胶，当提取液中盐含量达到一定量时，果胶就会形成饱含水分的网络结构，提取液变成冻状。

5. 超声波处理时间在 25～35min 范围内可以得到较高的产率。在 45min 以后产率有下降趋势，而且处理时间过长，提取液会形成冻状，甚至无橙皮苷产品。

六、思考题

1. 植物中黄酮类成分有哪些药理作用？请举例说明。

2. 植物中黄酮类成分的提取有哪些方法？

3. 除了椪柑皮外，哪些植物中还含有橙皮苷成分？

4. 用橙皮苷作先导化合物，可以合成得到什么药物中间体？

5. 湘西的植物提取企业发展前景如何？

实验十四　多功能环保型精细化工生产实验

一、实验目的

1. 掌握多功能精细化工产品配方原理（加料顺序）及各组分的作用。
2. 强化固液分离相关知识。

二、工艺概述

1. 工艺背景

人类最早使用的洗涤剂是肥皂，随着有机合成表面活性剂的成功开发，合成洗涤剂逐步进入人们的生活，液体洗涤剂行业也得到了迅速发展。截至目前液体洗涤剂的种类大致有衣料液体洗涤剂、餐具洗涤剂、个人卫生用清洁剂、硬表面清洗剂等。

洗涤用品工业的发展与经济、环境、技术和人口等因素的关联性较大，产品结构随着需求结构的不同不断发生转变。液体洗涤剂是近几年洗涤用品行业中发展的热点，行业存在着巨大的市场利润和发展空间。液体洗涤产品向人体安全性和环境相容性更高的方向转变，节能、节水、安全、环保型产品将得到较快发展。发展液体洗涤剂将成为洗涤用品行业结构调整和可持续发展的重要内容。

2. 实验原理

液体洗涤剂的除污（油）机理主要是利用表面活性剂降低油水的界面张力，发生乳化作用，将待清洗的油分散和增溶在洗涤液中。表面活性剂是液体洗涤剂的主要组分，因此了解它对洗涤作用的影响，对于选择合适的组分至关重要。

洗涤作用的影响因素包括以下几个方面。

（1）界面张力

界面张力是表面活性剂水溶液的一项重要性质，洗涤剂的去污作用主要是通过表面活性剂来实现，故界面张力与洗涤作用有必然的内在联系。大多数优良的洗涤剂溶液均具有较低的界面张力。根据固体表面润湿的原理，对于一定的固体表面，液体的表面张力愈低，通常润湿性能愈好。润湿是洗涤过程的第一步，润湿好，洗涤剂才有可能进一步起洗涤作用。此外，较低的界面张力有利于液体油污的去除，有利于油污的乳化、加溶等作用，因而有利于洗涤。

（2）吸附作用

洗涤液中的表面活性剂在污垢和被洗物表面吸附的性质，对洗涤作用有重要影响。这主要是表面活性剂的吸附使表面或界面的各种性质（如电性质、机械性质、化学性质）均发生变化。对于液体油污，表面活性剂在油水界面上的吸附主要导致界面张力降低（洗涤液优先润湿固体表面，使油污“蜷缩”），从而有利于油污的清洗。界面张力的降低，也有利于形成分散度较大的乳状液；同时界面吸附所形成的界面膜一般具有较大的强度，使得形成的乳状液具有较高的稳定性，不易再沉积于被洗物表面。表面活性剂的界面吸附对液体污垢的洗涤作用产生有利的影响。就吸附特性而言，阳离子表面活性剂的洗涤作用最差，价格高，通常情况下不适合用作洗涤剂。

（3）加溶作用

表面活性剂胶团对油污的加溶作用是去除被洗物表面少量液体油污最重要的机理。不溶于水的物质，因其性质各异而加溶于胶团的不同部位，形成透明、稳定的溶液。胶团对于油污的加溶作用，实际上是将油污溶解于洗涤液中，从而使油污不可能再沉积，这将大大提高洗涤效果。但加溶作用不是去除油污的主要机理，加溶作用也不是表面油污洗涤过程中的主要影响因素。

（4）乳化作用

选择合适洗涤剂组分的重要步骤之一是选择适宜的乳化剂。不管油污多少，乳化作用在洗涤过程中总是相当重要的。具有高表面活性的表面活性剂，可以最大限度地降低油水界面张力，只需很小的机械功即可乳化，在降低界面张力的同时，发生界面吸附，有利于乳状液的稳定，油污质点不再沉积于固体表面。乳化作用是液体洗涤剂在洗涤过程中重要的影响因素。可以说，油溶于洗涤液中的过程就是其被乳化的过程，因此，乳化能力是影响一种液体洗涤剂性能的重要因素。

（5）表面活性剂疏水基链长

一般说来，表面活性剂碳链愈长，洗涤性能愈好。但碳链过长时，溶解度变差，洗涤性能亦降低。为达到良好的洗涤作用，表面活性剂亲水基与亲油基应达到适当的平衡。用作洗涤剂的表面活性剂，其 HLB（hydrophilic lipophile balance）值在 13～15 之间为宜。

选择液体洗涤剂的主要组分时，可遵循以下一些通用原则：

① 有良好的表面活性和降低界面张力的能力，在水相中有良好的溶解能力；

② 表面活性剂在油/水界面能形成稳定的紧密排列的凝聚态膜；

③ 根据乳化油相的性质，油相极性越大，要求表面活性剂的亲水性越强；油相极性越小，要求表面活性剂的疏水性越强；

④ 表面活性剂能适当增大水相黏度，以减少液滴的碰撞和聚结速度；

⑤ 能用最小的浓度和最低的成本达到所要求的洗涤效果。

3. 工艺流程

依托工业生产精细化工产品的基本流程，其包含了公用工段、反应配料、料液乳化、调配、过滤分离等多个单元模块。生产液体精细化工产品的主要工艺流程是：自来水经过软化水柱处理成软化水后，用来作为配料以及冷却循环水；根据产品指标要求调节产品 pH 值至 6～8，活性剂含量不低于 10%按比例配入反应釜 R201，经充分混合均匀后，取样检测；合格后导入乳化釜（R202），进行乳化，日化品的净洗主要是依据乳化原理；对乳化完成的初步产品，为保证最终获得具有一定香味、黏度、通透性、稳定性要求的产品，则需要进行再一步的调配处理，常见的工艺是向调配釜（R301）内加入调和剂，比如香精、增稠剂、增亮剂、抗凝剂等；最后将处理后的产品经过冷浸至成品温度，经过滤器分离、灭菌器灭菌后即可得到符合指标要求的产品，存入产品罐（V301）内。如图 5-5。

（1）工艺方框图

多功能环保型精细化工生产线工艺流程方框图如图 5-5 所示。

（2）工艺流程图

多功能环保型精细化工生产线带控制点流程图如图 5-6 所示。

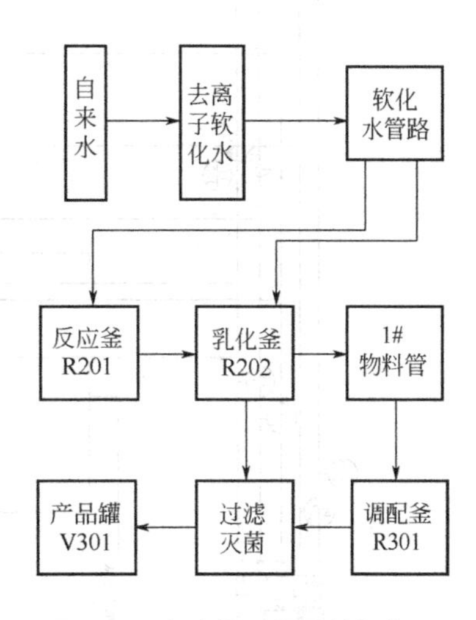

图 5-5 多功能环保型精细化工生产线工艺流程方框图

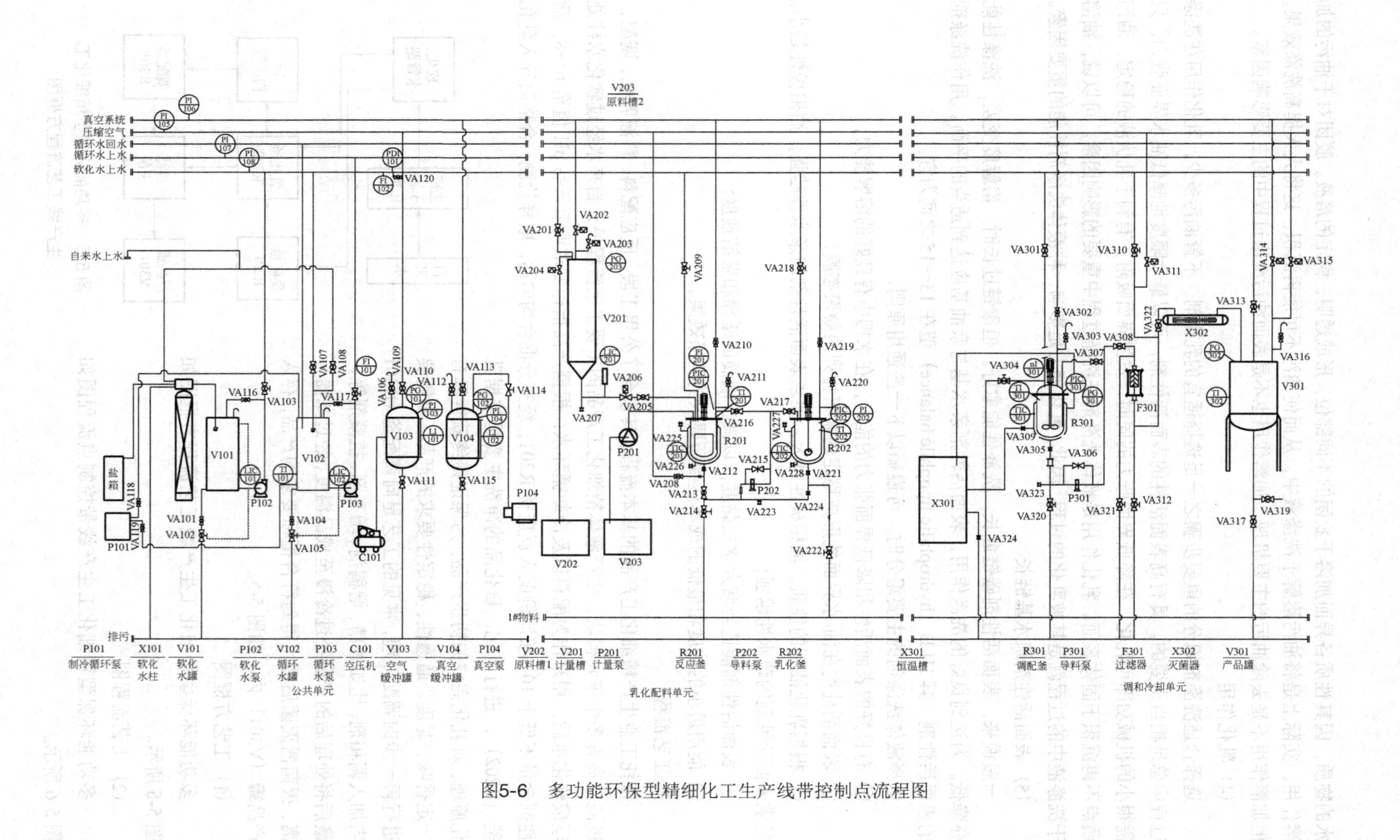

图5-6 多功能环保型精细化工生产线带控制点流程图

4. 工艺指标

实验操作过程中，各控制点的控制参数如表 5-1 多功能环保型精细化工生产线工艺指标表所示。

表 5-1　多功能环保型精细化工生产线工艺指标表

名称	重要工艺点		工艺要求
技术指标	公共单元	软水箱液位 LIC101	400～550mm
		循环水罐液位 LIC102	400～550mm
		循环水罐温度 TI101	≤30℃
		空气缓冲罐压力 PI103	0.7MPa
		真空缓冲罐压力 PI104	–0.06MPa
	乳化配料单元	反应釜温度 TI201	45℃≤TI201≤75℃
		反应釜转速 nI201	72r/min
		反应釜压力 PI201	–0.02～0MPa
		乳化釜温度 TI202	45℃≤TI202≤75℃
		乳化釜转速 nI201	2100～2300r/min
		乳化釜压力 PI202	–0.02～0MPa
	调和冷却单元	调配釜温度 TI301	≤35℃
		调配釜压力 PI301	–0.02～0MPa
		调配釜 pH 值	6～8
		产品罐温度 TI302	≤30℃

三、装置设计理念与特色

1. 装置布局描述

装置整体采用区域化布局，设备布置分为总管廊区、动力区、工艺区等。装置工艺采用工段模块化组合，工艺分为公共单元、乳化配料单元、调和冷却单元等工艺单元。各单元管路之间通过波纹管卡箍连接，设置有排污管。

2. 主要装置配置说明

（1）装置尺寸：6440mm×1120mm×2000mm，铝合金框架。

（2）反应釜：20L，内筒体ϕ273mm×350mm，壁厚 t=3mm，304 不锈钢材质；外夹套ϕ355mm，304 不锈钢，t=3mm；带上、下封头，可打开，使用压力为 0.15MPa，使用温度为 80℃，配温度、压力检测，反应釜可拆卸组装。

（3）乳化釜：20L，内筒体ϕ273mm×350mm，t=3mm，304 不锈钢材质，外夹套ϕ325mm，304 不锈钢，t=3mm；带上、下封头，可打开，使用压力为 0.15MPa，使用温度为 80℃，配温度、压力检测，乳化釜可拆卸组装。

（4）调配釜：20L，内筒体ϕ273mm×350mm，t=3mm，304 不锈钢材质；外夹套ϕ325mm，304 不锈钢，t=3mm；带上、下封头，可打开，使用压力为 0.15MPa；使用温度为 80℃，配温度、压力检测，调配釜可拆卸组装。

（5）产品罐：20L，ϕ273mm×350mm，304 不锈钢，t=4mm，配就地液位显示。

（6）软化水储罐、循环水储罐：100L，耐腐蚀PE材质，2个；差压式和压力式液位计，液位自动控制。

（7）压缩空气缓冲罐、真空缓冲罐：20L，ϕ273mm×350mm，t=4mm，304不锈钢材质。

（8）水电配置：此项需用户配套提供。

需水量约为5m³/h，需配置上水管。

装置最大工作电负荷为17kW，需配置专用配电柜，配置三相四线，配置漏电保护开关。

四、实验操作步骤

1. 公共单元操作

（1）上电。打开总电源，开启公共单元模块总电源与控制电源。

（2）检查控制系统相关量程、刻度与阀门状态是否显示正常，阀门检查可参照阀门初始状态图5-6，并对应填写相关确认表5-2。

（3）设定工艺参数。检查无误后，手动设定控制系统软化水罐，液位上限550mm，下限500mm；设定循环水罐，液位上限550mm，下限500mm，温度上限30℃，温差5℃（以上均为建议值）。

（4）上水。打开软化水控制阀门，打开自来水上水总阀。

（5）软化水罐操作。待观察软化水罐V101液位升至350mm以上，启动P102软化水泵，开启VA103阀门，备用（软化水出水流量通过孔板流量计FI102显示，可根据需要调节VA116阀门，控制出水流量；可开启阀门VA120，进行孔板流量计排气操作），开启阀门VA108，可观察到水进入到循环水罐。

（6）循环水罐操作。待循环水罐液位升至350mm以上时，启动P103循环水泵，开启阀门VA106，维持设备运行状态，备用（循环出水流量通过涡轮流量计FI101显示，可根据需要调节VA117阀门，控制出水流量）；打开P101制冷循环泵，设定循环制冷温度15℃左右，开启阀门VA118、VA119，备用。

（7）空气缓冲罐操作。检查VA110处于关闭状态，打开C101空气压缩机（简称空压机），关闭阀门VA109，观察空气缓冲罐内压力稳定后，开启阀门VA110，备用。

（8）真空缓冲罐操作。检查VA113处于关闭状态，打开真空泵P104，启动阀门VA114，关闭阀门VA112，设定真空缓冲罐内压力上限至–0.04MPa，下限至–0.06MPa，观察真空缓冲罐内压力稳定后，开启阀门VA113，备用。

2. 乳化配料单元操作

（1）上电。开启乳化配料单元模块总电源与控制电源。

（2）检查控制系统相关量程、刻度与阀门状态是否显示正常，阀门检查可参照阀门初始状态图5-6，并对应填写相关确认表5-3。

（3）称取原料。按配方称取相关原料，备用。

（4）打开阀门VA201向计量槽（V201）加入一定液位的软化水，640mm液位约为10L；也可向原料槽1（V202）手动加入软化水，开启阀门VA202、VA204，经真空系统输送至计量槽中。

（5）开启阀门 VA206，调节阀门 VA205 的开度，将软化水放料至反应釜（R201）中，开启反应釜搅拌，设定转速 70r/min 左右，启动反应釜夹套电加热控制（设定电加热手动加热 80%，待夹套温度升至 58℃左右，关闭电加热，根据釜内温度微调电加热，上述方法可供参考），维持釜内温度 45℃左右。

（6）流动性好的液体物料可加至原料槽 2（V203）中，通过计量泵 P201 定量输送至反应釜中；根据物料相关属性及加料顺序，将原料加至反应釜 R201 中，其中每个物料加入前须等釜内物料溶解完再加入。

（7）将剩余部分物料加至反应釜，通过计量槽补加剩余水，启动反应釜夹套电加热控制（设定电加热手动加热 80%，待夹套温度升至 80℃左右，关闭电加热，根据釜内温度微调电加热，上述方法可供参考），维持釜内温度 65℃左右，搅拌混合 10min 左右。

（8）其中可开启反应釜底部放料阀 VA212、VA213 及 VA216，并启动导料泵（P202）循环混合 5min。

（9）待混合均匀，开启乳化釜（R202）真空阀门 VA219，打开反应釜出料阀门 VA212、VA213 及 VA215、VA217，将物料经真空系统（维持乳化釜内真空度-0.02MPa，根据釜内泡沫情况进行乳化釜真空、放空阀调节）导料至乳化釜中，也可经导料泵 P202 进行料液输送。

（10）将反应釜物料导入乳化釜，打开乳化釜搅拌，设定乳化转速 2200r/min，启动乳化釜夹套电加热控制（设定电加热手动加热 80%，待夹套温度升至 80℃左右，关闭电加热，根据釜内温度微调电加热，加热方法可供参考），维持釜内温度 65℃左右，乳化 35min，其中乳化釜搅拌应逐渐增大及逐渐减小设定，以免对乳化搅拌系统造成损坏。

（11）通过乳化釜底取样阀，观察乳化质量。

（12）开启乳化釜底部阀门 VA221、VA222，备用。

3. 调和冷却单元操作

（1）上电。开启调和冷却单元模块总电源与控制电源。

（2）检查控制系统相关量程、刻度与阀门状态是否显示正常，阀门检查可参照阀门初始状态图 5-6，并对应填写相关确认表 5-4。

（3）开启恒温槽（X301），设定制冷温度 10℃左右，水浴循环不开启（建议实验开始前开启恒温槽，冷却效果更好），备用。

（4）开启调配釜（R301）、真空阀门 VA302（维持调配釜内真空度-0.02MPa，根据釜内泡沫情况进行调配釜真空、放空阀调节），乳化釜料液通过 1#物料管从乳化釜流入调配釜内。

（5）打开调配釜搅拌混合，设定转速 35r/min 左右。

（6）通过调配釜加料口加入复配辅料，混合 5min。

（7）通过调配釜底部取样阀取样，观察产品质量指标，产品合格后，打开恒温槽冷却循环并静置。

（8）开启调配釜真空阀门，维持釜内压力-0.02～-0.03MPa，脱气（搅拌会有大量的微小气泡产生，造成溶液的稳定性差，经脱气操作，可将液体中气泡排出）。

（9）观察釜内温度降至 30℃以下时，打开 VA305、启动导料泵 P301，关闭 VA307，打开 VA308、VA322，开启灭菌器 X302，物料经过滤器 F301、灭菌器 X302，导出至产品罐 V301。

（10）其中也可开启产品罐真空阀门 VA314（维持产品罐真空度-0.02MPa 左右），调配釜料液经真空系统导料至产品罐。

(11) 过滤器清洗。开启 VA321 前确认 VA312 关闭，开启 VA321，设定阀门 VA310 开启时间 20s，VA311 开启关闭时间 2s，设定好反冲洗时间，进行过滤器清洗。

4. 设备清洗操作

(1) 先确认需要清洗的设备以及管路。

(2) 若管路内残留有物料或产品，请确认是否可以进行再次利用或者回收。

(3) 确认不能回收的物料部分是否含有不符合排放标准的磷、有机物、酸、碱等成分，若含有不符合成分需要通过排污回收集中收集处理；若符合排放标准，则可直接进行冲洗排放。

(4) 冲洗排放操作。打开需要冲洗的设备进水阀门（此部分可作为对设备的探索操作），按照设备进行选择搅拌洗涤和循环冲洗，当观察到所需清洗设备内部不再有物料残留，且排出污水干净无杂质，则表明清洗干净。

(5) 设备放净操作。当设备清洗完毕后，检查设备底阀以及排污阀是否全部打开，防止设备内存在积水，长期不用导致设备发生锈蚀、生菌等异常现象。

5. 阀门检查参照及记录表

实践平台在操作前应参照工艺流程图（图 5-6 多功能环保型精细化工生产线带控制点流程图），对照阀门状态确认表确认相应阀门的开闭状态，并在确认表中进行确认，符合打“√”，不符合打“×”。

(1) 公共单元

公共单元阀门状态确认表见表 5-2。

表 5-2 公共单元阀门状态确认表

阀门位号	VA101	VA102	VA103	VA104	VA105	VA106	VA107	VA108	VA109	VA110	VA111	VA112	VA113	VA114	VA115
状态															
阀门位号	VA116	VA117	VA118	VA119	VA120										
状态															

(2) 乳化配料单元

乳化配料单元阀门状态确认表见表 5-3。

表 5-3 乳化配料单元阀门状态确认表

阀门位号	VA201	VA202	VA203	VA204	VA205	VA206	VA207	VA208	VA209	VA210	VA211	VA212	VA213	VA214	VA215
状态															
阀门位号	VA216	VA217	VA218	VA219	VA220	VA221	VA222	VA223	VA224	VA225	VA226	VA227	VA228		
状态															

(3) 调和冷却单元

调和冷却单元阀门状态确认表见表 5-4。

表 5-4 调和冷却单元阀门状态确认表

阀门位号	VA301	VA302	VA303	VA304	VA305	VA306	VA307	VA308	VA309	VA310	VA311	VA312	VA313	VA314	VA315
状态															
阀门位号	VA316	VA317	VA318	VA319	VA320	VA321	VA322	VA323	VA324						
状态															

五、实验注意事项

1. 系统采用自来水做试漏检验时，系统加水速度应缓慢，系统高点排气阀应打开，密切监视系统压力，严禁超压。

2. 恒温槽切记加水过满，防止循环过程中水外溢。

3. 搅拌电机在开启前加入一定量的机油或者润滑油，定期更换、清洗机油。

4. 关闭真空系统之前，应先开启真空缓冲罐放空阀，再关闭真空泵，防止倒吸。

5. 导料时若出现釜底出料堵塞，可开启釜底阀门通入压缩空气，及时调节阀门开度，防止液体飞溅。

6. 实验结束时，应用水清洗管路和设备，保持实验室的清洁。

六、思考题

1. 为什么关闭真空系统之前，要先开启真空缓冲罐放空阀?

2. 选择液体洗涤剂主要组分的原则主要有哪些?

3. 简述配方在洗涤剂的作用。

实验十五　多功能环保型精细化工生产操作实例

一、液体洗涤剂-洗洁精

1. 配方及相关比例

序号	名称	质量分数/%	一次用量/kg
1	AOS（α-烯基磺酸钠）	1	0.15
2	AES（脂肪醇聚氧乙烯醚硫酸钠）	5	0.75
3	AEO-9（脂肪醇聚氧乙烯醚）	4	0.6
4	6501（椰子油脂肪酸二乙醇酰胺）	2	0.3
5	TX-10（烷基酚聚氧乙烯醚）	2	0.3
6	638（聚乙二醇 6000 双硬脂酸酯）	1	0.15
7	NaCl（工业级）	0.67	0.1

续表

序号	名称	质量分数/%	一次用量/kg
8	CAB-35（椰油酰胺丙基甜菜碱）	1	0.15
9	EDTA（乙二胺四乙酸）	0.5	0.075
10	茉莉味香精	少许	适量
11	去离子水	补充至 100	

2. 操作条件

操作温度：溶解温度 40～50℃；乳化温度 60～70℃。

乳化时间：35min。

3. 操作步骤

(1) 计量槽分两次分别加入 640mm、235mm 液位的软化水，共计约 12.5L；

(2) 反应釜温度 45℃，开启搅拌，加入 EDTA，加入 AOS（约 5min 溶解完毕）；

(3) 加入 AES（约 8min 溶解完毕），加入 AEO-9（约 8min 溶解完毕），维持温度和转速；加入 6501 和 TX-10；

(4) 反应釜设定温度 65℃，设定转速 75r/min 混合 5min；

(5) 导料至乳化釜，设定温度 65℃，乳化转速 2200r/min，待釜内温度升至 65℃左右，加入 638，搅拌 35min；

(6) 导入调配釜，加入 NaCl，溶解完毕后（约 8min），冷却至 35℃以下；

(7) 加入 CAB-35 和香精，3min 后实验完毕。

二、液体洗涤剂-洗衣液

1. 配方及相关比例

序号	名称	质量分数/%	一次用量/kg
1	EDTA（乙二胺四乙酸）	1	0.15
2	AOS（α-烯基磺酸钠）	3	0.45
3	AES（脂肪醇聚氧乙烯醚硫酸钠）	8	1.2
4	6501（椰子油脂肪酸二乙醇酰胺）	4	0.6
5	K12（十二烷基硫酸钠）	1	0.15
6	亮蓝色素	少许	适量
7	CAB-35（椰油酰胺丙基甜菜碱）	0.5	0.075
8	薰衣草香精	少许	适量
9	去离子水	补充至 100	

2. 操作条件

操作温度：溶解温度 35～45℃；乳化温度 55～65℃。

乳化时间：30min。

3. 操作步骤

根据相关物料属性，自定相关操作步骤。

三、液体洗涤剂-洗手液

1. 配方及相关比例

序号	名称	质量分数/%	一次用量/kg
1	AES（脂肪醇聚氧乙烯醚硫酸钠）	7	1.05
2	K12（十二烷基硫酸钠）	1.5	0.225
3	6501（椰子油脂肪酸二乙醇酰胺）	3	0.45
4	珠光浆	2	0.3
5	柠檬酸	0.1	0.015
6	NaCl（工业级）	1	0.15
7	茉莉味香精	少许	适量
8	柠檬色素	少许	适量
9	去离子水	补充至100	

2. 操作条件

操作温度：溶解温度45℃；乳化温度70～75℃。

乳化时间：50min。

3. 操作步骤

根据相关物料属性，自定相关操作步骤。

四、液体洗涤剂-玻璃水

1. 配方及相关比例

序号	名称	质量分数/%	一次用量/kg
1	TX-10（烷基酚聚氧乙烯醚）	2	0.3
2	AES（脂肪醇聚氧乙烯醚硫酸钠）	1	0.15
3	异丙醇	3	0.45
4	乙醇	5	0.75
5	凯松	0.1	0.015
6	亮蓝色素	0.0036g/L	0.054
7	去离子水	补充至100	

2. 操作条件

操作温度：溶解温度常温；乳化温度常温。

乳化时间：25min。

3. 操作步骤

根据相关物料属性，自定相关操作步骤。

五、液体洗涤剂-洗车液

1. 配方及相关比例

序号	名称	质量分数/%	一次用量/kg
1	磺酸钠（十二烷基苯磺酸钠）	4	0.6
2	K12（十二烷基硫酸钠）	5	0.75
3	TX-10（烷基酚聚氧乙烯醚）	1	0.15
4	磷酸（正磷酸）	0.1	0.015
5	丙三醇	2	0.3
6	蜂蜡	0.2	0.03
7	去离子水	补充至100	

2. 操作条件

操作温度：溶解温度35℃；乳化温度50℃。

乳化时间：40min。

3. 操作步骤

根据相关物料属性，自定相关操作步骤。物料相关属性见表5-5。

表5-5 物料相关属性

序号	名称	学名	作用
1	AES	脂肪醇聚氧乙烯醚硫酸钠	白色膏体，易溶于水，具有优良的去污、乳化、发泡性能和抗硬水性能，温和的洗涤性质不会损伤皮肤，是阴离子表面活性剂
2	磺酸钠	十二烷基苯磺酸钠	白色或淡黄色粉末，显中性，起泡力强，去污力强，易与各种助剂复配，成本较低，合成工艺成熟，是非常出色的阴离子表面活性剂
3	6501	椰子油脂肪酸二乙醇酰胺	淡黄色至琥珀色黏稠液体，具有去污、发泡性能，性质温和，有增稠水溶液的作用
4	EDTA	乙二胺四乙酸	白色粉末，可改善水质，具有软化硬水、稳定泡沫作用
5	食盐	氯化钠	白色颗粒，在洗涤剂中，主要起增加黏稠度的作用，和AES起反应，使产品更黏稠
6	K12	十二烷基硫酸钠	白色或奶油色结晶鳞片或粉末，具有良好的乳化、发泡、渗透、去污和分散性能
7	AOS	α-烯烃磺酸钠	白色或淡黄色粉末，易溶于水，AOS具有很好的综合性能，制备工艺成熟，质量可靠，发泡好，增强手感，生物降解性好，有很好的去污能力，特别在硬水中也显示出去污力基本不降低的特点
8	香精	—	液体，增加香味，给人清新愉悦的感受，掩盖化学成分的固有异味，赋予产品好的形象
9	CAB-35	椰油酰胺丙基甜菜碱	微黄色透明液体，具有良好的抗硬水性、抗静电性及生物降解性，发泡性和显著的增稠性，有低刺激性和杀菌性，配合使用能显著提高洗涤类产品的柔软、调理和低温稳定性
10	丙三醇	甘油	透明液体，保持皮肤湿润不干燥，具有护肤、润肤的作用，作为有机原料和溶剂有着广泛用途
11	二甲基甲醇	异丙醇	无色透明，具有乙醇气味的可燃性液体

续表

序号	名称	学名	作用
12	珠光浆	—	乳白液体，增加香波膏体的亮泽度，赋予洗涤膏体珍珠般的光泽，给人以质量好的感觉
13	AEO-9	脂肪醇聚氧乙烯醚	无色透明液体或白色膏状，主要作为羊毛净洗剂，毛纺工业脱脂剂、织物净洗剂以及液体洗涤剂活性组分，一般工业用作乳化剂
14	TX-10	烷基酚聚氧乙烯醚	无色透明液体，易溶于水，具有优良的乳化净洗能力，是合成洗涤剂重要组分之一，可用于配制各种净洗剂，对动植矿物油污清洗能力强
15	磷酸	正磷酸	白色固体或者无色黏稠液体，是肥皂、洗涤剂、金属表面处理剂的用料
16	蜂蜡	—	黄色或淡黄棕色块状或白色颗粒，有上光作用
17	酒精	乙醇	无色透明液体，易挥发，易燃烧，用于包括皮肤、医疗器械消毒，碘酒的脱碘等
18	凯松	—	液体，防腐防霉剂，有效期两年左右，用量为千分之一到千分之十，加氯化钠之前放入即可
19	色素	—	赋予产品一定色度
20	柠檬酸	—	白色结晶粉末，在化工工业、食品业、化妆业等具有极多的用途
21	638	聚乙二醇 6000 双硬脂酸酯	白色至淡黄色块状或粉状固体，较难溶于水，通常方法是用热水溶解后加到其他料液中，洗涤剂中添加量 0.1%～0.5%，可先用 5kg 左右热水溶解后加入料液中

参考文献

[1] 吴晓艺，王松，王静文，等. 化工原理实验[M]. 广州：中山大学出版社，2013.

[2] 杨祖荣. 化工原理实验[M]. 北京：化学工业出版社，2018.

[3] 吴洪特. 化工原理实验[M]. 北京：化学工业出版社，2010.

[4] 徐国想. 化工原理实验[M]. 南京：南京大学出版社，2006.

[5] 郭军红，包雪梅. 化学工程与工艺专业实验[M]. 北京：化学工业出版社，2018.

[6] 屈凌波，任保增. 化工实验与实践[M]. 郑州：郑州大学出版社，2018.

[7] 乐清华. 化学工程与工艺专业实验[M]. 北京：化学工业出版社，2018.

[8] 曾兴业，莫桂娣. 化工实验与实践[M]. 北京：中国石化出版社，2018.

[9] 李德华. 化学工程基础实验[M]. 北京：化学工业出版社，2019.

[10] 孟锦宏. 化学反应工程实验指导书[M]. 北京：中国石化出版社，2018.

[11] 章茹，秦伍根，钟卓尔. 过程工程原理实验[M]. 北京：化学工业出版社，2019.

[12] 中华人民共和国卫生部.《中华人民共和国药典》[M]. 北京：人民卫生出版社，2020.

[13] 傅伟昌，焦鹏，赵明明，等. 椪柑皮中橙皮苷的提取工艺研究[J]. 食品与发酵工业，2009，35（9）：160-162.